Candy Bar

造型甜點桌
美味提案

簡易配方 ✕ 調色技巧 ✕ 創意造型

各種派對甜點桌難不倒你！

配方化繁為簡輕鬆上手

先恭喜任郁筠老師出新書了！這位美麗大方、活潑時尚的女王所出版的甜點書，絕對非常實用，也是我一定會買來收藏的派對甜點書籍。

我雖然常常教大家烹調美食料理和請客宴會餐點，但如何將派對辦得更時尚，就需要由專業甜點老師教導精緻美味可口的甜點。精緻的甜點售價通常很貴，一小塊就可能逼近200元，也不曉得是不是用好材料製作，所以只要跟著郁筠老師書中食譜描述動手做，也可以和孩子或朋友們一起製作派對甜點，可以吃到糕點又可同歡同樂。

這本造型甜點書也太貼心了，細分七個節慶和特色主題派對：過新年、情人節、萬聖節、聖誕節、好友同樂、入厝……，給新手和有一點烘焙程度的讀者學習，品項包括可愛造型蛋糕、餅乾、馬卡龍、糖果……，配方簡單又能輕鬆上手。

真心推薦給想學甜點的朋友們，不管您是新手或是有基礎者，任郁筠老師的派對甜點是大家最好的選擇，我們一起跟著老師學好看又美味的甜點囉！

型男大主廚

無限創意為甜點增添生命力

　　和 Ann 老師結識源於邀請她參加媽祖節所舉辦的烘焙賽事,當時的馬卡龍作品與後來我所看到的「默娘造型棒棒糖蛋糕」與種種多樣造型的甜點,都讓人不禁讚嘆 Ann 有一雙非常靈巧的手藝,並且有無限的創意,為甜點增添生動的生命力。

　　之後與她更加熟識後,覺得她有著南部人的熱情,而且也反映在教學上,不藏私地傳授多樣技巧給學生,所以這本以節慶和主題派對為主的造型甜點,也同樣傳遞 Ann 的教學精神,絕對能滿足喜愛多樣造型甜點的朋友,不僅可以創造生活樂趣,滿足與聯繫另一半、孩子、家人與朋友的口欲和情感,更甚者有些品項也非常適合接單,或是運用書中的好點子為店內創造新品。所以喜歡造型甜點的朋友,千萬別錯過囉!

烘焙教主知名電視人

林佳頴

提升人際關係的造型甜點書

　　「曾經在高雄的一個場合上,收到 Ann 老師親手做的提拉米蘇,那香醇濃郁的風味到現在還印象深刻。這幾年,Ann 老師的學生都會製作和她一樣好看又好吃的甜點,也代表著老師的教學是非常有條理,讓人很容易學會,簡單卻不失專業的模式也深受大家的喜歡,這也是我對 Ann 老師的技術感到欽佩。

　　很開心可以提前看到老師配方中的精彩,百變的造型確實讓人感到愉悅,我相信您很快就能上手,並且獲得好友們的讚賞,這也會讓您的生活更加有趣!

　　老吳推薦這本精彩的甜點食譜給大家,它絕對是您提升人際關係中不可或缺的好書!

安德尼斯烘焙坊經營者兼麵包師

Katsumi Wu

造型甜點讓生活更美好

憶起踏入烘焙業的契機，一切都得從孩子上學有空閒後，為了滿足他們想吃媽媽做的甜點而學習烘焙開始，之後在某次烘焙教室的老師請我為一群孩子們上披薩課，當看到孩子們製作過程中雀躍且專注，做完後又充滿成就感的模樣，讓我得到滿足感之餘，也激起自己對烘焙的熱情，也因為如此而開始努力鑽研學習，並考取了多樣相關證照汲取更多的專業知識。

因為成長過程中很喜歡精緻的手工藝品製作，常被母親稱讚手巧，所以在學習烘焙的過程中，也逐漸朝著比較耗時耗力和需要非常大專注與創意的工藝甜點著手，例如：糖霜、翻糖等，並設計製作出許多造型可愛的餅乾、鳳梨酥、戚風蛋糕……。自從在烘焙教室教學後，經常受到許多學生的歡迎，在教授過程中透過學員的回饋，也讓我知道這些造型甜點不僅能提供製作的人充滿愉悅感，也為收到的人帶來喜悅與驚訝，似乎在無形之中，透過這些造型甜點拉近了人與人之間的關係與距離，成為非常適合傳遞心意的手作禮物。

這些都是促進自己更熱衷並努力推廣造型烘焙的動力，希望可以讓更多人藉由我而愛上造型烘焙，並為生活帶來更多的美好與改變，也因為了解學生們的需求，加上派對總給人歡樂、祝福的氛圍，所以著手規劃了這本以節慶和人氣主題為主的派對造型甜點書。籌備期間參考一些國外資料，並結合自己擅長的造型烘焙，從蛋糕、餅乾、鳳梨酥、馬卡龍、馬林糖……等基礎配方完全傳授，再延伸出各式的甜點造型，也提供多樣化的點子，讓喜愛造型甜點者可以有更多的靈感和發揮空間。

當然書中亦安排從市售產品中加上創意，讓大家可以簡易備製，就能快速完成令人讚嘆的造型甜點。為了讓您可以更快速上手，每一種造型都呈現完整的步驟教

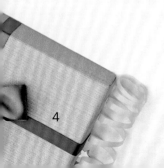

學，能讓零經驗烘焙者 Step by Step 按圖文操作；若已經有烘焙經驗者，相信一定更加得心應手，並且透過書中所提供的款式，呈現更多精采的作品。

期盼藉由這些節慶主題派對甜點，豐富大家的生活，藉由這些節慶生活多些儀式感、歡慶每個時刻，並透過這些甜美的糕點，與另一半、孩子、家人、朋友擁有更美好的關係，創造專屬的回憶。最後，竭誠地邀請大家一定要親手試試書中的造型甜點，也歡迎到 Facebook 的 Ann R 與我互動，或是告訴我這本書帶給您什麼樣的生活改變！

Ann R

2022 ♡

作者簡介

任郁筠（Ann R）

證照

烘焙乙級麵包、西點蛋糕

烘焙乙級西點蛋糕、餅乾

烘焙乙級麵包、餅乾

韓國 KNDA 協會證書

台灣 TNA 美甲證書 2 級

惠爾通 Course 3 翻糖

經歷

線上烘焙課程講師

台灣各地烘焙教室講師

經營 FB 粉絲專頁：Ann R

評審 & 得獎

2020 易牙美食節評審

2020 荷蘭盃國際賽評審

2020 媽祖美食節馬卡龍銀牌

2020 荷蘭盃國際賽伴手禮金牌

著作

造型甜點桌美味提案

烘焙食品乙級考照寶典

目錄 Contents

Chapter A
基礎入門與前置準備

常用麵團和麵糊
Chapter

節日派對造型甜點
Chapter C

Chapter

A

基礎入門與
前置準備

賓客盡歡布置魔法術

掌握風格和邀請對象

辦一場賓主盡歡的派對，事前準備不能少，但只要把握以下規劃，就能達到事半功倍的效果，大家不妨試試看吧！

規劃派對主題

明確的派對主題是影響派對成敗的重要關鍵，何謂明確？可以從「主要主題」和「特色主題」著手規劃。

🎈 節慶主題

依照節慶主題同樂，例如：情人節、聖誕節、萬聖節、新年等。依照派對主角慶祝，例如：寶寶滿月、家人生日、新屋喬遷、結束單身、好友聚聚等。

🎈 特色主題

可從讓許多人印象深刻且風格明確的電影、卡通、戲劇等發想，並可藉此衍生制定整個派對的主要顏色、風格、甜點與餐點內容。電影如「大亨小傳」的1920年代美式復古風情或「星際大戰」特效和科技等；卡通如女孩喜歡的「冰雪奇緣」等迪士尼公主系列，男孩喜歡的「蜘蛛人」或漫威英雄等；戲劇如「華燈初上」的台灣條通復古風情。

若是猶豫不決或是想符合更多人的期待，也可選擇兩種主題互相搭配，比如新年派對輔以戲劇「華燈初上」台灣條通風格，邀請時傳達與會者裝著打扮屬於該年代的服飾；而甜點及餐點的設計，也是帶有台式風格為主。或是萬聖節可以搭配搞怪版的迪士尼公主系列，餐點的準備則在原本的甜美夢幻風格中加一些血腥詭譎的元素，都可以讓派對更具有趣味性。

挑選日期時間

派對的舉辦日期和主題方向或慶祝的主角有相連關係，通常會將舉辦日安排在節慶或是慶祝事由的當月，或前一、兩星期或當天，不太會延後舉辦。比如聖誕節派對，可以在12月整個月到12月25日為主，但若是新屋喬遷則適合兩周內舉辦為宜。而舉辦時間通常以星期五晚上到星期日下午晚餐前結束為最佳。

確認邀請對象

只要派對主題明確，通常邀請參與的賓客名單就能快速列出，也因為客人之間的關係會相互帶動，所以「邀請對的賓客」非常重要。如果邀請對象又能配合派對主題，而且能為主人提供協助，將可提升派對呈現的效果。

人物為主題

寶寶滿月派對、孩子生日，則可邀請和寶寶、孩子有親屬關係的賓客為宜。

節慶為主題

如果是舉辦萬聖節、聖誕節等節慶派對，不妨邀請一些能帶動歡樂氣氛的人。

製作邀請卡

除了紙本邀請卡，不少人也會直接在社群網站Facebook、Line等直接建立邀請通知，若是得展現邀請誠意，則建議製作「電子邀請卡」更能符合現代人使用手機、email收發的習慣。網路上有許多線上免費製作邀請卡的模板網站，可輕鬆解決設計邀請卡的困擾。

通常在派對前一個月必須發出邀請函，發信時並請對方最晚於何時回覆是否出席，以便統計人數，如此可以方便主人準備餐點份量與桌數。製作邀請卡時，有幾個重點需明確標示，可參考如下：

◆ 派對主題
◆ 派對地點
◆ 派對日期和時間
◆ 預計結束時間
◆ 需要賓客配合的裝扮或是穿衣色調
◆ 提醒賓客準備的物品
◆ 備註其他需求

例如：最晚回覆是否參加的時間，活動日的幾日前必須回覆是否參加。請賓客回覆時，註明攜伴人數與飲食需求，比如口味、茹素或是不吃牛或海鮮等。

提升質感的布置訣竅

設定主色調

節慶派對可以從既定印象色著手，如萬聖節是黑色、紫色、橘色，新年是紅色、金色，而聖誕節是紅色、綠色、白色、金色為主。

如果是主角慶祝派對，除了可依主角喜歡的顏色來規劃外，也可以挑選派對常見的藍色、綠色、黃色、白色、紫色、粉色系，但記得整個場地的搭配色不超過4個顏色為宜，多容易顯複雜而失去特色；或是建議可選定單一色系為主色，並以其他2至3種顏色為輔助配色。

善用鮮花氣球旗子

派對布置上最佳道具，也是不容易出錯的布置三要角：鮮花、氣球、旗子。派對主要色系確認後，可選擇相同色調（該色系深淺區分）的鮮花（或盆栽）、氣球、旗子布置，就能瞬間提升質感、營造出溫馨歡樂的氛圍。

環境氛圍營造

掌握上述兩點之後，以下3個是讓派對加分的小祕訣，不妨適時運用。

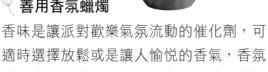

🎈 善用香氛蠟燭

香味是讓派對歡樂氣氛流動的催化劑，可適時選擇放鬆或是讓人愉悅的香氣，香氛蠟燭也有同樣效果，而且在夜晚藉由蠟燭光影能使會場更有氣氛。

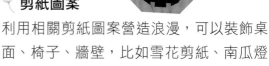

🎈 剪紙圖案

利用相關剪紙圖案營造浪漫，可以裝飾桌面、椅子、牆壁，比如雪花剪紙、南瓜燈籠剪紙、春福字剪紙等。

🎈 情境音樂

網路及3C發達的現代，可在手機內建或是網路音樂平台選擇適合主題的音樂，能讓派對更有氣氛、牽動情感連結，甚至有些平台已規劃好音樂主題，方便在派對直接播放。

派對加分的餐具

美味的甜點和餐點若有適合的餐具裝盛，更能凸顯派對的質感，也間接呈現主人的品味。挑選餐巾與餐具時，建議從以下幾點來考量：

- ◆ 以派對主題色延伸，做為餐具顏色的選擇。
- ◆ 挑選盤子、餐具、餐巾時，可選擇同一色系，塑造整體感。
- ◆ 依照派對性質挑選餐具材質，比如選擇免洗餐具或是非一次性使用餐具。
- ◆ 依照主人的方便準備性，與活動後的方便清潔性來挑選。
- ◆ 衡量預算費用，盡量以家中現有的杯盤，或是派對舉辦後仍會使用為主，切勿過度購買。

創造樂趣的甜點款式

環境布置重要,而甜點更是影響派對成功與否的重點,也可適時準備一些輕食料理更能加分。若需符合每位賓客的口味非一件容易的事,不過只要抓住以下祕訣就成功一半了。

符合主題意象的甜點

設計和派對主題有關的造型或象徵意義甜點,不僅可以豐富主題意象,有時更能方便準備,比如書中情人節介紹的「你儂我儂布朗尼」、「心動馬卡龍」;萬聖節的「驚魂骷髏餅乾」、「南瓜馬卡龍」;聖誕節的「聖誕泡芙塔」、「雪人杯子蛋糕」,或是孩子生日派對的「寶寶手搖鈴棒蛋糕」等。

容易拿取好入口的食物

必備容易拿取且好入口的手指食物(Finger Food),例如:杯子蛋糕、棒狀蛋糕、造型餅乾、小泡芙等都非常適合。由於活動現場常會有走動或是聊天情況,若是食物是常溫、不黏手、好拿、食用方便的特點,皆比湯湯水水、太燙、黏膩油滑的食物更受歡迎。

準備適合分切的款式

多人參與的派對總是需要準備適合分切的食物,比如大蛋糕或是泡芙塔。若是由主人直接分好當然更方便,記得分食前必須確認人數份量,甚至稍微多出幾份也可以,但不能不足,如此就顯失禮了。

餐點多樣化滿足賓客需求

透過邀請函的飲食需求回覆,可以方便主人了解賓客有哪些食物、口味或是款式不吃,或是茹素、不喝酒等需求,以便準備餐食,當然也可以準備多樣化甜點和料理,盡量有甜有鹹、有素有葷,就能盡情滿足賓客們的需求。

需要準備的器具材料

家電攪拌類

烤箱

一般家用型烤箱就可製作造型甜點，不需要刻意選購指定品牌，建議多和烤箱培養感情，了解它的溫度和烘烤時間，就能烤出漂亮又好吃的甜點。

乾果機

用於低溫烘乾馬林糖、果乾等，也適合加熱巧克力，是非常方便的家電。

微波爐

用於熔化化巧克力，建議加熱10秒鐘即取出稍微拌一拌讓巧克力溫度平均，再重複此加熱步驟，直到巧克力熔化。

卡式瓦斯爐

一般家用瓦斯爐即可，可以加熱液體或熔化巧克力，有一台卡式瓦斯爐，會更方便操作。

手持打蛋器＆電動打蛋器

用來打發蛋液時使用的器具，材料量較多時建議使用電動型更省時省力，但必須注意電動打蛋器一開始打勻材料時需使用低速，能避免盆中材料噴出來。

桌上型攪拌機

可快速攪拌和打發，附有不同功能的攪拌器，基本配備是球狀、槳狀、勾狀，視操作用途搭配。

刮板

刮板有硬刮板和軟刮板區分，硬刮板方便切割麵團或刮拌較硬的麵團；軟刮板可以將材料輕鬆的從攪拌盆中刮取乾淨，翻拌較液態或輕柔的麵糊時也很好用。

橡皮刮刀

建議選購軟硬度適宜的橡皮刮刀，在操作麵團時可利用具彈性的刮刀把盆緣材料刮乾淨。選購時注意耐熱度，耐熱材質可在加熱中使用。

模具造型類

餅乾模

可以將麵團壓出形狀完成造型餅乾，如果模具凸出的邊角愈多，烘烤時邊角容易先焦，使用前可先沾一些麵粉，避免麵團和模具互相沾黏。

耐烤紙模

裝盛麵糊烘烤成杯子蛋糕，材質較硬的紙模具有支撐力，可直接使用；如果是較薄的紙模，則建議套入杯狀模具一起烘烤。

鳳梨酥模

市售有各種鳳梨酥模，可以選擇個人喜歡的造型，圖上這款屬於一體成型，容易清洗且好操作。

棒棒糖紙軸

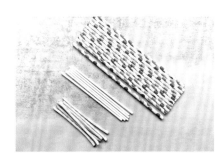

用於棒棒糖蛋糕系列，具有好拿取的方便性，可到烘焙材料行選購適合的粗細和長度。

模具造型類

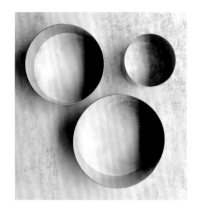

蛋糕模具

利用模具當作容器，為蛋糕塑出不同造型。若是不沾材質的模具，可先抹油及撒麵粉，可防沾黏和方便脫模。烤盤也是模具之一，用於長時間烘烤，常見有鐵製、鋁合金、鐵氟龍等材質，使用前建議鋪上烘焙紙。

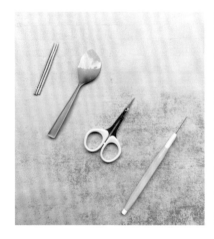

造型工具

用於繪製或修整造型甜點的五官、形狀，例如：竹籤、剪刀、針筆等，針筆的筆頭更細又尖銳，並且更好掌握，能修飾出更精緻的造型。牙籤還可沾取色膏調整麵糊、巧克力糊的顏色使用。

擠花袋＆花嘴

具有拋棄式與重複性使用的可選擇，可裝盛麵糊或熔化的巧克力，使用時可以直接擠或搭配花嘴擠出造型。花嘴的造型和大小種類眾多，只要選購基本款式圓口、6齒、葉子形就足夠本書甜點使用。

底圖

可以在烘焙紙或白報紙上手繪，或透過電腦繪圖完成底稿創作，也可到一些網站免費下載需要的素材。

輔助器具

電子秤

西點烘焙講究配方精準度，電子秤可秤取較準確的材料重量，購買時可注意秤重範圍和最小測量單位，以可達小數點第一位為佳。

量杯

秤取液態材料時可使用，或是量杯壺口可方便液態材料倒入盆中。

調理盆

挑選時以底部為圓弧形狀為佳，拌勻材料時比較不會在邊角殘留沒拌勻的材料，刮取時也比較容易刮乾淨，不會造成損耗。

篩網

過濾粉類及糖粉很好用的工具，以網目較細為佳，可濾除雜質及避免材料結塊狀況。

隔熱手套

戴上後取出剛出爐的產品或烤盤，以防止手部燙傷，常見有短型及加長型規格，可依需要選購。

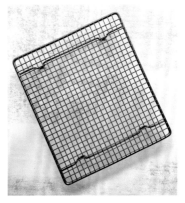

冷卻架

又稱置涼架，產品烤好取出後使用，中空的網格能幫助產品迅速散熱，不會積壓在底部凝結成水氣。

擀麵棍＆尺

將麵團擀平延壓時使用，用完需清洗乾淨，並確保在乾燥處晾乾，否則容易導致發霉。在擀壓麵團時，可運用需要完成厚度和麵團一致的尺協助，放在麵團兩側，讓擀麵棍壓著尺擀壓，就能輕鬆擀出所需厚度的麵皮。

輔助器具

刀具&砧板

切餅乾麵皮時需要的器具，如果沒有烘焙專用的刀具和砧板，則挑選家中切水果的砧板會比較理想。

饅頭紙

饅頭紙可以用來放置半成品或產品，減少弄髒桌面機會及方便移動，也可用烘焙紙裁適合尺寸使用。

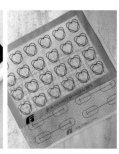

烘焙墊&矽膠墊

包含網狀烘焙墊、矽膠墊，烘烤餅乾或馬卡龍可使用，熱傳導均勻，能烤出較美一致的顏色。若家中沒有，亦可烘焙紙替代。部分矽膠墊兼具圓形、愛心圖案，更方便擠製一樣尺吋的馬卡龍，市售產品有多款尺寸，可依烤箱尺寸挑選，整體長34×寬20cm、長40×寬29cm、長60×寬40cm等，圓形直徑約4cm、愛心長4.5×寬4.2cm，已畫好線框，只要照著圓圈或愛心尺寸將材料擠入即可。

糖類

細砂糖

帶清爽甜味、顆粒細小，可快速與其他材料融合均勻，適用於任何甜點。

椰子花蜜糖

外觀帶點黃色結晶狀砂糖，因含有糖蜜和礦物質，能讓甜點帶淡淡香氣和色澤，因精製程度不及細砂糖，屬於低升糖食材。

防潮糖粉&純糖粉

糖粉是磨得很細的細砂糖（白砂糖），分成純糖粉和防潮糖粉兩種。糖粉即細砂糖磨成極細粉末狀，並添加少許玉米澱粉製成，具防潮及細緻的特性，適合篩於甜點表面當裝飾，能夠有效吸收水氣，讓甜點表面維持光亮。純糖粉是不加澱粉的糖，常用來製作蛋白糖霜、擠花奶油霜、馬卡龍等。

糖類

棉花糖

棉花糖遇熱即熔化，製作甜點時（特別是餅乾、蛋糕、巧克力布朗尼）都會加入棉花糖，增加味道層次感，也可以當作裝飾，讓創意無限發揮。

奶蛋油類

無鹽奶油

奶油由奶類提煉製成，具天然香味，熔點在25至31℃，需冷藏保存。書中使用無鹽奶油，可為甜點增添風味。

牛奶

提升甜點的奶香風味及增加組織的濕潤感，加熱的溫度避免超過60℃，容易導致表面形成薄膜。

馬斯卡彭起司

顏色乳白、形狀味道像發泡的奶油狀，口感清淡帶有香醇的甘甜味，最常見製作提拉米蘇。

動物性鮮奶油

乳脂含量高於35%，口溶性佳、耐煮耐烤，多用於慕斯、蛋糕裝飾及夾餡。使用時應隔冰水打發，可避免乳脂肪溶化，如此產品才能穩定。

植物油

沙拉油、玄米油等味道較淡的油類，是烘焙甜點常見的植物性液體油，可使產品組織柔軟，適合製作戚風蛋糕、海綿蛋糕。

雞蛋

全蛋具發泡性、凝固和乳化等作用，能使蛋糕膨鬆，增加糕點的風味和色澤。蛋白含水量約89%以下，若用來製作餅乾，則口感較為脆硬，蛋白適合製作打發類的馬卡龍。蛋黃含水量約57%以下，脂肪含量28至30%，其中卵磷脂具乳化效果，可讓餅乾增加酥鬆度。

粉類凝膠

低筋麵粉

筋性弱、可塑性強的低筋麵粉，是糕點最常使用的麵粉。由於麵粉顆粒細緻、易受潮結塊，使用前需要過篩。

玉米粉

又稱玉米澱粉，質地細緻，由玉米加工製成，烘焙時加入少許，可降低麵粉筋度及增加鬆軟口感。

杏仁粉

純杏仁磨成，顏色稍微黃，搭配糕點可增加濃郁香氣，也是製作馬卡龍主要原料之一。

吉利丁片

提煉自動物骨膠的凝結劑，口感軟綿富彈性、保水性佳，溶解溫度在40至50℃。使用前必須先用冰水泡軟。

色粉色膏

天然色粉

是乾燥的粉狀色料，使用時建議加點水混合，才不影響麵糊或蛋白霜調色時結塊或調色未勻。常見有竹炭粉、可可粉，以及由梔子果實萃取研磨製成的天然色粉，有紅、黃、綠、藍、紫色等。適合用於鳳梨酥、餅乾等品項調色。可可粉由可可豆脫脂研磨製成，容易受潮，宜過篩後使用。

食用色膏

為增添口味與製造豐富色彩效果的用途，通常會在麵團或麵糊中加入色粉或色膏，適當的添加可讓烘焙產品具更多元的樣貌。

裝飾材料

巧克力

常見分成非調溫、調溫兩種，非調溫巧克力是使用植物油加上香料調配製成，適合裝飾使用，操作方便簡易，最簡單的判斷方式是包裝袋若標示百分比％。則表示巧克力是調溫型的純脂巧克力；若未寫百分比，大部分是烘焙用的非調溫代脂巧克力。

苦甜巧克力是不添加乳製品的巧克力，有獨特苦味。風味巧克力有草莓、檸檬、抹茶、柳橙等，除了在風味上多了變化，顏色也是製作產品的選擇條件之一，可以提升味覺及視覺感。牛奶巧克力是混合可可漿與牛奶，充滿乳香味，添加物較多、味道稍甜的巧克力。

糖珠＆糖片

用來裝飾造型甜點的五官或配件的食用材料，可以增加可愛感。

食用金粉

食用金粉可加入糕點、蛋糕、餅乾、巧克力中，提升產品價值感，比如書中的恭喜發財紅包餅乾、閃閃惹人愛蛋糕棒、聖誕樹布朗尼、葉子馬林糖等。

烘焙新手基礎教室

準備材料重點

食材重量精確度

製作甜點的材料包含乾性、濕性等性質材料，所有材料彼此互相起作用，影響產品的質地風味和成敗率，因此精準秤重必須確實。

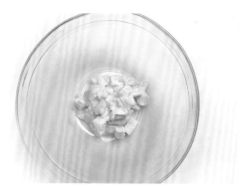

食材恢復室溫

需要冷藏的蛋、乳品、奶油等食材，必須先放置室溫等回溫軟化再使用；如果直接使用，則由於質地堅硬、低溫狀態不容易拌開，比如不容易與油質等材料均勻融合，易產生結塊而影響品質。

粉類過篩

粉類易受潮而有結塊情形，過篩可去除結粒和雜質外，也能讓粉類富含空氣而變得膨鬆輕盈，能和其他材料充分融合。不過也因放久導致吸收濕氣愈多，所以最好使用前再過篩。

隔水加熱熔化

為預防加熱過度而燒焦，需要先熔化成液體的食材，可利用隔水加熱或微波加熱的方式操作，例如：巧克力、吉利丁片等熔點低的食材。若直接加熱易因溫度過高而煮過頭，建議以隔水加熱方式，利用水溫控制溫度，透過間接加熱讓食材熔化。

攪拌打發技巧

混合攪拌方式

混合或打發方式稍有不同，就會產生不一樣的結果。攪拌最主要的作用在於適當的拌入空氣，讓做好的製品組織鬆軟可口；不當的攪拌，無法達到理想的質地與口感，因此注意材料品質和比例外，正確的攪拌方式與混合更顯重要。

全蛋打發

全蛋打發時可隔水提高溫度，能讓打發變得更容易，但記得不宜加熱過頭，否則容易消泡，甚至變成蛋花湯而導致失敗。

 作法
STEP BY STEP

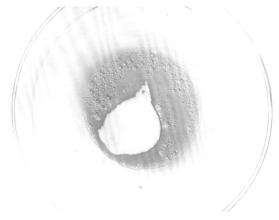

1 以隔水（外盆裝50℃溫水）加熱方式，讓全蛋升溫到達30至35℃，加入糖，以電動打蛋器的高速打發。

2 過程中全蛋顏色漸漸變淡，顏色變白之後轉中速繼續攪打。

3 攪打至紋路明顯且未立即消失程度。

蛋白打發

濕性發泡的蛋白霜穩定度較高，但產品的膨發度較低。打發所使用的容器及工具都需要無油及無水的狀態，並且使用冰過的蛋白為佳，更容易打發。

 作法
STEP BY STEP

1 蛋白用打蛋器攪打至啤酒泡狀態。

2 分次加入糖和檸檬汁，以電動打蛋器的中速打發。

3 待蛋白紋路明顯時，再加入剩下的糖量。

4 繼續攪打到濕性發泡，蛋白霜尾端有一個大彎勾即可。

打發鮮奶油

以高乳脂（30%以上）的動物性鮮奶油和糖混合打發，亦可打發後裝飾於蛋糕表面，或是加上天然色膏、色粉，調配出繽紛色彩或是與其他材料混合做成鮮奶油內餡。

 作法
STEP BY STEP

 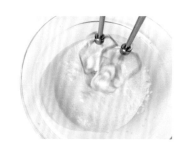 

1 動物性鮮奶油加糖混合。

2 以電動打蛋器的中速攪打至有紋路。

3 狀態有些濃稠，可劃線且紋路不會消失，約5分發。

4 繼續打發至紋路立體明顯，適合做為蛋糕夾餡或擠花裝飾。

烘烤完美提醒

麵糊與蛋白霜混拌

麵糊與蛋白霜混合攪拌之目的，是為了促進不同性質的食材能結合而達到融合的狀態，因此有各種不同的混拌方式，過度攪拌會讓麵糊消泡致影響膨脹。為了攪拌均勻融合，可用橡皮刮刀從底部往上翻拌方式混合。

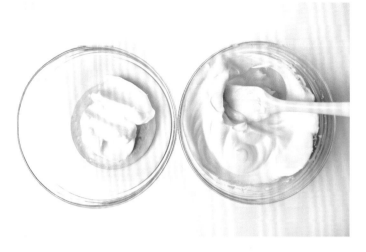

混合攪拌餅乾麵團

混合攪拌粉類成鬆散狀後再整理成團狀，如此產品才會有酥脆感。若攪拌太多次，則烤好的餅乾會很硬，所以注意勿過度攪拌和搓揉。

烤箱事前預熱

烤箱預熱，是為了使烤箱內部溫度一致，這樣入爐烘烤的麵團才能均勻受熱，不會因溫度不平均，致使加熱時間拉長影響膨脹，或是溫度不足而影響品質的情形。

模具前置處理

先用毛刷在模具均勻塗抹一層薄薄奶油，再撒上麵粉，輕敲叩出多餘的粉末即可使用。若是不沾材質的模具，則不需抹油撒粉。

美味保存訣竅

蛋糕類

烤模需放烤盤中央才能均勻受熱而呈現顏
色一致，可避免烘焙後顏色不均勻。測試
蛋糕是否烤熟，可由蛋糕體膨脹的程度及
外觀色澤判斷外；也能利用探針或竹籤來
輔助辨別，竹籤插入蛋糕體裝中央，拔出
後未沾麵糊表示熟了；或用手輕拍觸摸富
彈性即可。

餅乾類

由於麵團烘烤後會膨脹，將餅乾體放置
烤盤時，彼此間應保留適當間距排列。
不同質地種類，判斷烤熟與否也因此而
不同，基本上可就散發的香氣和底部的
烤色做為是否烤熟的判斷依據。

完成製品保存

為了避免受潮而影響口感，烤
好並放涼的甜點可裝入密封
容器、或用封口袋密封，再放
室溫陰涼處保存。若添加鮮奶
油或奶油夾餡的糕點，則必須
密封冷藏，才能避免變質。

萌萌表情創作

甜點加上喜怒哀樂的表情，可以讓甜點變得更討喜。非調溫巧克力是方便又容易使用的材料，只要透過微波爐或隔水加熱熔化，熔化的巧克力裝入擠花袋後，尖端孔洞不宜剪太大，否則流量大難操控，無法繪製出精緻的五官。

天然色粉和金粉也是很好操作的材料，加入少許水（或伏特加）調勻，就可以隨心所欲創作，如下示範幾款讓大家啟發更多靈感，畫出更多療癒的模樣。

巧克力變化無限

裝入擠花袋，在馬林糖或馬卡龍表面點出傷心、驚嚇表情。

色粉金粉畫五官

在烤好的餅乾或鳳梨酥畫出好福氣眉毛、鬍子和眼睛等，眼周可刷上一圈金粉，更神采奕奕。

巧克力裝飾教室

巧克力熔化方法

非調溫巧克力最常拿來裝飾甜點裝飾，或畫人偶、動物表情。熔化方式很簡單，有微波爐加熱、隔水小火加熱兩種，可選擇方便操作的方式。

微波爐

 作法 STEP BY STEP

1 將非調溫巧克力放入耐加熱玻璃碗，放入微波爐。

2 時間設定5至10秒鐘就取出攪拌。

3 重複加熱攪拌至巧克力熔化為止。

TIPS 攪拌是讓巧克力液維持中心溫度不超過45℃，以免巧克力容易變質。

隔水加熱

 作法 STEP BY STEP

1 將非調溫巧克力放入耐加熱玻璃碗，再放入裝適量水的大鍋中。

2 以小火隔水加熱至熔化，加熱過程稍微攪拌，並且注意外鍋水溫不宜超過50℃，若超過此溫度則巧克力容易變質。

3 巧克力只要熔化成液狀且不燙手的狀態，即可使用。

TIPS 若快凝固可依作法2再次加熱，或維持外鍋水溫45℃至50℃的保溫狀態。

巧克力調色技巧

巧克力熔化成液狀且不燙手的狀態，加入所需要的顏色，色膏的量不需要太多，只要1～2米粒量就可以。一開始先加1米粒，輕輕拌勻後先觀察顏色是否需要的濃度；如果不夠，再續加1米粒。

草莓巧克力調色

 ### 作法
STEP BY STEP

1 將非調溫草莓巧克力隔水加熱熔化（或微波爐加熱），加熱過程可稍微攪拌。

2 再加入需要的顏色材料（食用色膏），輕輕拌勻即可使用。

白巧克力調色

 ### 作法
STEP BY STEP

1 將非調溫白色巧克力隔水加熱熔化（或微波爐加熱），加熱過程可稍微攪拌。

2 再加入需要的顏色材料（食用色膏）。

3 輕輕拌勻成渲染層次或是完全拌勻即可使用。

巧克力飾片製作

依據需要的飾片量決定非調溫巧克力的種類和克數，通常會多準備一些（可用50～100g熔化後裝入擠花袋或三角袋），避免操作過程耗損太多；若需要調色，則於巧克力熔化後加色膏。

聖誕樹巧克力飾片

 **作法**
STEP BY STEP

1 準備聖誕樹底圖及饅頭紙各1張，將裝熔化的「苦甜」巧克力袋尖端剪約0.1cm小洞。

2 描繪在聖誕樹底稿上，再靜置等凝固或放入冰箱冷藏至硬。

圓形檸檬巧克力飾片

 作法
STEP BY STEP

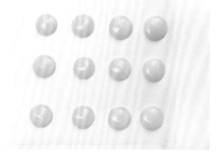

1 準備1張饅頭紙，將裝熔化的「檸檬」巧克力袋尖端剪約0.1cm小洞。

2 在饅頭紙上擠出直徑約1cm圓形，再靜置等凝固或放入冰箱冷藏至硬。

TIPS 　圓形巧克力飾片非常適合當動物耳朵。

LOVE 巧克力飾片

1 準備 LOVE 底圖及饅頭紙各1張,將「白色」巧克力熔化後和紅色色膏調勻,再裝入擠花袋,袋子尖端剪約 0.1cm 小洞。

2 沿著 LOVE 底圖的輪廓擠滿,再靜置等凝固或放入冰箱冷藏至硬。

皇冠巧克力飾片

作法
STEP BY STEP

1 準備皇冠底圖及饅頭紙各1張,將裝熔化的「檸檬」巧克力袋尖端剪約 0.1cm 小洞。

2 由下而上描繪出皇冠造型,再靜置等凝固或放入冰箱冷藏至硬。

鳳梨葉巧克力飾片

作法
STEP BY STEP

1 準備1張饅頭紙,將裝熔化的「抹茶」巧克力袋尖端剪約 0.1cm 小洞,由下往上描繪出葉子的形狀。

2 葉子根部處需要停留一下,可以呈現出較粗的感覺。

3 再靜置等凝固或放入冰箱冷藏至硬。

甘納許製作

甘納許是由巧克力和動物性鮮奶油組合而成，以克數比例1：1混合的口感柔滑，主要用於糕點夾心或蛋糕淋醬。

 材料 INGREDIENTS

A 動物性鮮奶油 ·····················100g
B 苦甜巧克力（調溫）·················100g

 作法 STEP BY STEP

  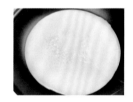  

1 動物性鮮奶油、苦甜巧克力分別裝入盆中。

2 以小火加熱動物性鮮奶油至滾沸。

3 將煮滾的鮮奶油沖入苦甜巧克力，靜置20秒鐘。

4 攪拌均勻即完成黑巧克力甘納許。

 材料 INGREDIENTS

A 動物性鮮奶油 ·····················100g
B 白巧克力（調溫）···················100g

作法 STEP BY STEP

 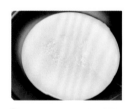 

1 動物性鮮奶油、白巧克力分別裝入盆中。

2 以小火加熱動物性鮮奶油至滾沸。

3 將煮滾的鮮奶油沖入白色巧克力，靜置20秒鐘。

4 攪拌均勻即完成白巧克力甘納許。

Chapter

常用麵團
和麵糊

麵團

麵團類

原味壓模餅乾

這款餅乾麵團配方簡單又好操作,而且口感酥鬆但不容易碎裂,或是無水奶油替換無鹽奶油,形成硬脆口感,可隨個人喜好變化,做出好吃的餅乾並不難!

DATA

· 生料總量:400g
· 生料保存:現拌即用．冷藏14天．冷凍3個月
· 甜點數量:寬5.4×高8cm薑餅人壓模40個
· 甜點保存:常溫15天

材料
INGREDIENTS

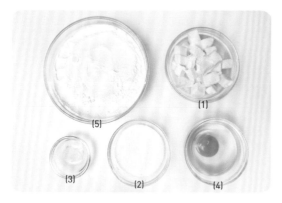

```
    ┌ 無鹽奶油 (1) ‥‥‥‥‥‥‥‥‥‥‥ 100g
  A 純糖粉 (2) ‥‥‥‥‥‥‥‥‥‥‥‥‥ 50g
    └ 鹽 (3) ‥‥‥‥‥‥‥‥‥‥‥‥‥‥‥‥ 1g
    ┌ 全蛋 (4) ‥‥‥‥‥‥‥‥‥‥‥‥‥‥ 50g
  B
    └ 低筋麵粉 (5) ‥‥‥‥‥‥‥‥‥‥‥ 215g
```

TIPS

⟳ 壓模切出的多餘麵團,可結合後繼續擀成薄片使用。
⟳ 可用電動打蛋器的低速攪拌奶油糊,省時又省力,請記得不需要打發。

作法
STEP BY STEP

作法

攪拌麵團

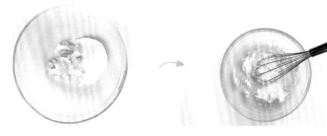

1 材料A放入盆中，用打蛋器攪拌均勻，不需要打發。

2 分次加入全蛋液，並且邊加邊攪拌至乳化均勻。

3 低筋麵粉過篩於奶油糊中。

4 換刮刀以按壓方式，拌成無粉的麵團。

擀薄冰硬

5 將烘焙紙鋪於麵團上下，擀成厚度0.3cm的薄片。

6 放入冰箱冷凍30分鐘以上至硬，平時可做些備用。

壓型烘烤

7 取出餅乾麵團後，可以依喜好挑選造型模直接壓成數片。

8 放入烤箱以上下火160℃烤15分鐘，烤盤調頭續烤10分鐘，取出冷卻即可。

巧克力壓模餅乾麵團

麵團類

由原味餅乾麵團延伸口味變化，在基本配方中加入無糖可可粉，形成巧克力風味。更適合做壓模餅乾，讓你的餅乾體有更豐富的造型。

DATA

· 生料總量：400g
· 生料保存：現拌即用‧冷藏14天‧冷凍3個月
· 甜點數量：寬5.4×高8cm薑餅人壓模40個
· 甜點保存：常溫15天

材料
INGREDIENTS

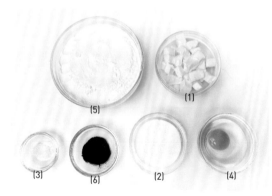

	無鹽奶油（切小丁）(1)	100g
A	純糖粉 (2)	50g
	鹽 (3)	1g
	全蛋 (4)	50g
B	低筋麵粉 (5)	215g
	無糖可可粉 (6)	3g

TIPS

↻ 奶油先切小丁，放室溫待軟後攪拌，更容易操作。
↻ 壓模切出的多餘麵團，可結合後繼續擀成薄片使用。

作法
STEP BY STEP

攪拌麵團

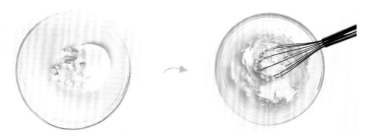

1 材料A放入盆中，用打蛋器攪拌均勻，不需要打發。

2 分次加入全蛋液，並且邊加邊攪拌至乳化均勻。

3 低筋麵粉和可可粉過篩於奶油糊中。

4 換刮刀以按壓方式，拌成無粉的麵團。

擀薄冰硬

壓型烘烤

5 將烘焙紙鋪於麵團上下，擀成厚度0.3cm的薄片。

6 放入冰箱冷凍30分鐘以上至硬，平時可做些備用。

7 取出餅乾麵團後，可以依喜好挑選造型模直接壓成數片。

8 放入烤箱以上下火160℃烤15分鐘，烤盤調頭續烤10分鐘，取出冷卻即可。

麺團
鳳梨酥餅皮

台灣產的鳳梨香氣足，並且甜度高，台灣糕餅業最常包入鳳梨酥中。將傳統方形利用一點點巧思，變化成節慶造型，讓大家體驗製作過程中所得到的樂趣。

DATA

· 生料總重：530g
· 生料保存：現拌即用・冷藏10天・冷凍2個月
· 甜點數量：30g餅皮可製作17個
· 甜點保存：常溫7天

材料
INGREDIENTS

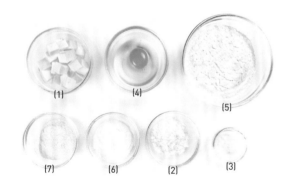

A	無鹽奶油（切小丁）[1]	135g
	純糖粉 [2]	50g
	鹽 [3]	1.5g
	全蛋 [4]	50g
B	低筋麵粉 [5]	225g
	片栗粉 [6]	35g
	奶粉 [7]	30g

TIPS

○ 奶油必須放室溫變軟，用手指可按壓有凹痕即可操作。

○ 片栗粉即日式太白粉、馬鈴薯粉；若沒有片栗粉，可以低筋麵粉替換。

○ 拌好的麵團可烘烤金元寶鳳梨酥（P.70）、福神旺來酥（P.72）或蘋安順利鳳梨酥（P.166）。

作法
STEP BY STEP

攪拌麵團

1 無鹽奶油放入盆中。

2 用打蛋器攪打均勻。

3 再加入純糖粉及鹽。

4 繼續用打蛋器攪拌均勻。

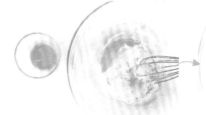

5 分次加入全蛋液，攪拌均勻至無油花狀態（不需打發）。

6 再加入已過篩的材料 B 粉類。

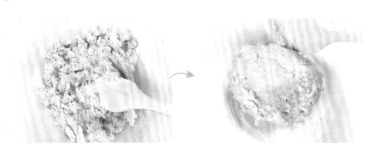

7 換刮刀以按壓方式，拌成無粉的麵團即可。

8 麵團填入元寶模後脫於烤盤，以上下火160℃烤約20分鐘至熟，取出。

41

海綿蛋糕麵糊

許多人對海綿蛋糕有著特殊情感與回憶，記得兒時慶生時，奶奶和媽媽總是買海綿蛋糕，我很喜歡那種單純無修飾的蛋香味，而現在只要吃到喜歡的海綿蛋糕，兒時的回憶就整個串連起來！

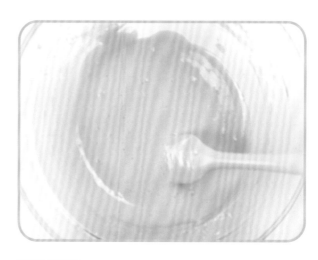

DATA

· 生料總重：360g
· 生料總重：現拌即用
· 甜點數量：6吋圓模1個
· 甜點保存：常溫3天·冷藏6天·冷凍2個月

材料
INGREDIENTS

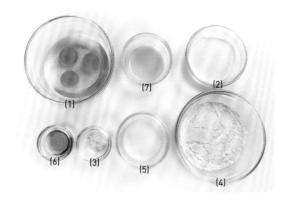

A	全蛋 (1)	150g
	細砂糖 (2)	70g
	鹽 (3)	1g
B	低筋麵粉 (4)	80g
	牛奶 (5)	30g
	蜂蜜 (6)	10g
	無鹽奶油（液狀）(7)	20g

 **作法**
STEP BY STEP

製作麵糊

1 材料A以電動打蛋器的中速打發，讓細砂糖和蛋完全融合。

2 即將打發時可轉低速攪打，讓氣泡更細緻。

  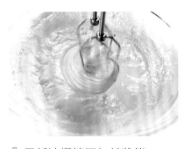

3 蛋糕呈現質地濃稠，可畫出清晰線條不立即消失的狀態。

4 分次加入已過篩的低筋麵粉。

5 用低速攪拌至無粉狀態。

6 再加入牛奶、蜂蜜，攪拌均勻。

7 接著加入液態奶油。

8 用切拌方式輕輕拌勻。

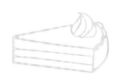

 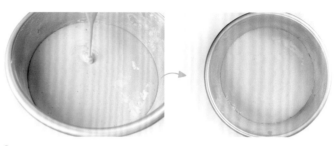

9 刷上薄薄奶油並撒麵粉，扣出多餘粉後底部放烘焙紙。

10 將麵糊倒入圓模後輕敲讓氣泡排出，以上火180℃、下火160℃烤約30分鐘至熟。

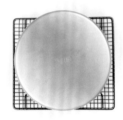 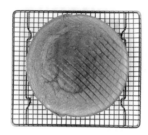

11 取出模具後於桌面輕敲，讓熱氣排出再倒扣於置涼架。

12 等待蛋糕完全冷卻，即可脫模食用。

TIPS

- 無鹽奶油先熔化備用，可選擇微波（大約20秒鐘）或隔水加熱。
- 打發蛋糊時可先泡熱水浴10～15分鐘，讓蛋液溫熱較容易打發，能縮短打發時間。
- 打蛋糊的時候，可同步將烤箱以上火180℃、下火160℃預熱。
- 若是不沾模具，則可省略刷油撒粉步驟。
- 蛋糕冷卻時，建議蓋上一層白報紙（或烘焙紙），避免水分流失太多。
- 海綿蛋糕的支撐性很好，適合製作裝飾類蛋糕，可抹面、夾層或擠花裝飾。

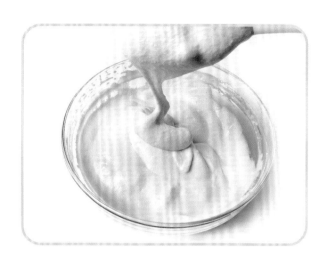

戚風蛋糕麵糊

戚風的英文chiffon，是雪紡紗之意，因烤好的蛋糕具輕柔富彈性感，以鬆軟細緻組織聞名，屬於低糖低負擔的蛋糕。

DATA

- ·生料總重：330g
- ·生料保存：現拌即用
- ·甜點數量：5吋圓模1個
- ·甜點保存：常溫2天 · 冷藏5天 · 冷凍1個月

材料
INGREDIENTS

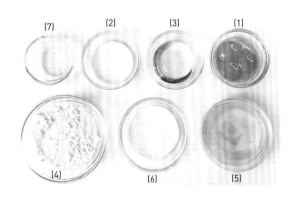

(7)　(2)　(3)　(1)

(4)　(6)　(5)

A		
蛋黃 [1]	......	54g
牛奶 [2]	......	23g
植物性液體油 [3]	......	23g
低筋麵粉 [4]	......	50g
蛋白 [5]	......	140g
細砂糖 [6]	......	45g
檸檬汁 [7]	......	2g

作法
STEP BY STEP

製作蛋黃糊

1 蛋黃和鮮奶放入盆中。

2 先用打蛋器由中心輕柔的轉圈圈攪拌均勻。

3 再加入植物性液體油。

4 攪拌至乳化均勻,並且沒有油花為止。

5 接著加入過篩的低筋麵粉,攪拌均勻。

6 攪拌至無粉粒或結塊,才不會影響蛋糕口感。

製作蛋白霜

7 蛋白用打蛋器攪打至像啤酒泡沫狀態。

8 加入1/2細砂糖、檸檬汁,以電動打蛋器的中速打發。

9 待蛋白紋路明顯時,再加入剩餘的細砂糖。

10 攪打到濕性發泡,即蛋白霜有一個大彎勾。

混合攪拌

11 取 1/3 蛋白霜加入蛋黃糊，用打蛋器輕輕拌勻。

12 再加入剩餘的蛋白霜，用刮刀輕輕切拌均勻。

入模烘烤

13 麵糊呈現光滑的緞帶狀即可。

14 將麵糊倒入圓模，在桌面輕敲讓氣泡排出，再放入烤盤。

15 放入烤箱以上火 170℃、下火 150℃烤 20 至 25 分鐘，取出倒扣待冷卻，脫模。

TIPS

- 液體油和牛奶可以秤在一起。
- 蛋白不能碰到油脂，使用的攪拌缸及攪拌器都必須清潔乾淨。
- 戚風蛋糕在烘烤過程需要沿著模具向上爬升，所以不適合用不沾模。

磅蛋糕麵糊

麵糊類

傳統的磅蛋糕配方為奶油、糖、麵粉、蛋各1磅,磅蛋糕特色為放置隔天回油的風味會慢慢釋出,是一款愈吃愈香的蛋糕。現代人除了追求香氣口感,糕體濕潤度也很重視,配方微調整,讓這款磅蛋糕吃起來較不厚實。

 D A T A

· 生料總重:500g
· 生料保存:現拌即用
· 甜點數量:40g大約12個
· 甜點保存:常溫 7天・冷藏 14天・冷凍 1個月

材料 INGREDIENTS

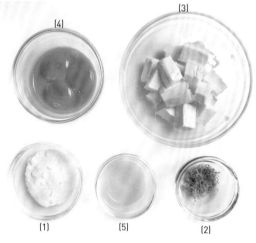

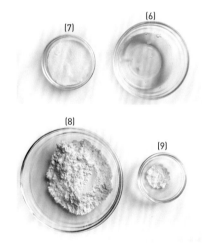

A	上白糖 [1]	35g
	檸檬皮屑 [2]	1顆
	無鹽奶油(切小丁)[3]	120g
	蛋黃 [4]	54g
	檸檬汁 [5]	15g
B	蛋白 [6]	110g
	上白糖 [7]	75g
C	低筋麵粉 [8]	100g
	泡打粉 [9]	1.5g

作法
STEP BY STEP

製作奶油霜

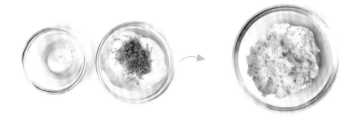

1 上白糖和檸檬皮屑混合，搓出精油和香氣。

2 無鹽奶油用打蛋器打勻。

3 分次加上白糖和檸檬皮屑。

4 繼續攪打均勻且變白。

5 蛋黃分3次加入作法4中，攪打至蛋黃完全均勻吸收。

製作蛋白霜

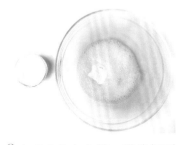

6 接著分次倒入檸檬汁，攪拌均勻。

7 蛋白用打蛋器打成液態（即斷筋）。

8 加入1/3上白糖，繼續打到像啤酒泡沫狀態。

9 再加入1/3上白糖，打到濕性發泡。

10 加入剩餘1/3上白糖，攪打到拉起來挺立但有彈性狀態。

(混合攪拌)

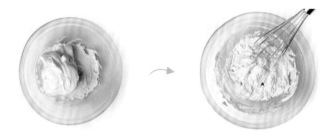

11 取1/3蛋白霜加入奶油糊，用打蛋器輕輕拌勻。

12 再加入過篩的低筋麵粉、泡打粉。

13 用刮刀輕輕切拌均勻。

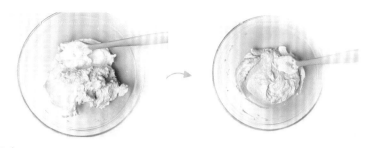

14 加入剩餘蛋白霜後，繼續輕輕切拌均勻即可。

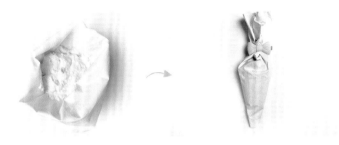

15 將麵糊裝入擠花袋，袋口封緊備用。

入模烘烤

16 模具先刷上薄薄奶油後撒麵粉，扣出多餘粉。

17 平均擠入模具，每個約40g麵糊。

18 放入烤箱以上火180℃、下火170℃烤20至25分鐘，取出冷卻。

TIPS

❍ 模具必須先刷油撒粉，方便後續順利脫膜。

❍ 蛋黃54g大約是3顆中型雞蛋的蛋黃。

❍ 蛋白打發可用電動打蛋器的中速，更省力省時。

麵糊類

布朗尼麵糊

這是一款濃醇香的巧克力麵糊蛋糕，特別設計低升醣無麩質配方，對於麩質過敏者、訴求低升醣飲食的朋友，可以試試看，好吃又可減少熱量！

DATA

· 生料總量：約350g
· 生料保存：現拌即用
· 甜點數量：直徑5cm杯子紙模6個
· 甜點保存：常溫7天 · 冷藏14天 · 冷凍1個月

材料
INGREDIENTS

A	無鹽奶油（切小丁）[1]	52g
	苦甜巧克力（調溫）[2]	80g
	植物性液體油 [3]	22g
B	牛奶 [4]	10g
	椰子蜜糖 [5]	72g
	全蛋 [6]	110g
	杏仁粉 [7]	22g
	無糖可可粉 [8]	4g

TIPS

↻ 先放奶油再放巧克力，可避免巧克力焦鍋。

↻ 烘烤時間依杯模大小適當增減。

↻ 椰子蜜糖是低升醣糖類，也可以赤藻糖醇、羅漢果糖替換；不需要低升醣的朋友可用一般細砂糖取代。

作法
STEP BY STEP

製作麵糊

1 材料A放入盆中，隔水加熱熔化（巧克力中心溫度45℃）即離火。

2 再加入牛奶、椰子蜜糖。

3 用打蛋器攪拌至糖溶解。

4 分次加入全蛋液，邊加邊攪拌至乳化均勻。

5 低筋麵粉和可可粉過篩於巧克力糊中，繼續攪拌至無粉的巧克力麵糊。

入模烘烤

6 巧克力麵糊裝入擠花袋，袋口綁緊，尖端剪一個小洞。

7 將麵糊擠入直徑5cm杯子紙模約7分滿（50至60g），輕敲烤盤底部排出多餘空氣。

8 以上下火200℃烤12至15分鐘至熟，取出冷卻。

麵糊類

泡芙皮麵糊

圓鼓鼓的泡芙皮，烤焙過程中經由水氣的揮發，瞬間膨脹形成中心的空洞，再擠上奶油餡或卡士達醬等，搭配造型和裝飾，就能變化出討喜的甜點。

DATA

· 生料總重：260g
· 生料保存：現拌即用
· 甜點數量：小泡芙約35個
· 甜點保存：常溫3天·冷藏7天·冷凍1個月

材料
INGREDIENTS

```
     (3)      (2)      (6)



         (4)    (5)    (1)
```

	材料	重量
A	無鹽奶油（切小丁）[1]	42g
	水 [2]	47g
	牛奶 [3]	47g
	細砂糖 [4]	3g
B	低筋麵粉 [5]	50g
	全蛋 [6]	80g

TIPS

ↄ 配方內的水可全部改成熔化的奶油或植物性液體油。

ↄ 全蛋可多準備10g，若麵團太乾時，可以及時補充。

ↄ 作法3材料混合必須糊化完成，看到鍋底有一層薄膜為宜。

ↄ 麵糊需透過攪拌缸搭配槳狀攪打，達到降溫至60℃以下再加入蛋液。

製作麵糊

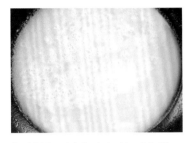

1 材料A以小火加熱到沸騰，轉小火。

2 將過篩的低筋麵粉倒入作法1中。

3 用刮刀拌煮到鍋底有一層薄膜，再放入攪拌缸。

4 用槳狀快速打2分鐘，讓麵糊降溫沒冒煙。

5 分次加入全蛋液，攪拌至乳化均勻。

6 用刮刀拉起麵糊時，尾端呈現倒三角形。

裝飾烘烤

7 再裝入套大圓花嘴的擠花袋。

8 將麵糊擠在鋪烘焙紙的烤盤，每個大約直徑1.5cm。

9 麵糊表面撒上珍珠糖。

10 以上火180℃、下火150℃預熱，關掉下火（0℃）烤麵糊約20分鐘，將上火轉120℃，烤約30分鐘乾燥，視泡芙大小增減時間。

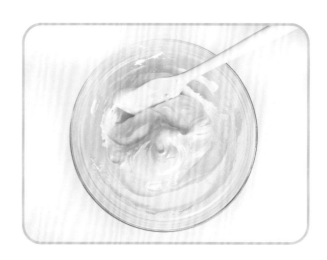

馬林糖蛋白霜

蛋白霜類

馬林糖又稱為蛋白糖，可用於蛋糕裝飾。使用蛋白及純糖粉調配而成，經由烘烤後呈現硬脆光亮的外殼，或是增加一些風味粉，做出有創意的造型馬林糖。

DATA

· 生料總重：120g
· 生料保存：現拌即用
· 甜點數量：直徑2cm圓形約25個
· 甜點保存：常溫30天

材料
INGREDIENTS

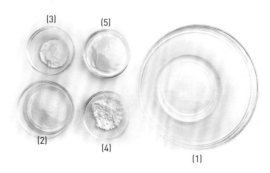

A	┌ 蛋白 〔1〕	38g
	細砂糖 〔2〕	40g
	└ 蛋白粉 〔3〕	2g
B	┌ 玉米粉 〔4〕	5g
	└ 純糖粉 〔5〕	38g

TIPS

↺ 使用老蛋白更容易操作，老蛋白即冷藏或冷凍過的蛋白。

↺ 如果沒有蛋白粉，可省略。

↺ 熔化的馬林糖液50℃，即手指摸有點溫度但不燙手。

↺ 本書配方已調整成符合濕度高的國家環境製作。

↺ 室溫24℃以下操作馬林糖蛋白霜，較不容易消泡；若夏天操作，建議開冷氣調整環境溫度。

作法
STEP BY STEP

製作蛋白霜

1 小鍋放材料A、大鍋裝適量水,將小鍋放入大鍋中。

2 開小火加熱到小鍋的馬林糖液大約50℃。

3 以電動打蛋器的中速將蛋白慢慢打發。

混合攪拌

4 蛋白霜呈現挺立狀態。

5 將玉米粉和純糖粉混合,透過篩網過篩於盆中。

6 再加入蛋白霜中。

7 用刮刀輕輕切拌均勻,即為馬林糖蛋白霜。

烘乾馬林糖

8 再裝入套大圓花嘴的擠花袋,擠出圓形後用針筆修飾。

9 乾果機設定70℃,將馬林糖烘乾3小時以上至乾燥,取出冷卻。

馬卡龍蛋白霜

馬卡龍又稱法式小圓餅，色彩繽紛圓滾滾，還穿上蕾絲邊裙子，因為外酥內軟，所以法國人又稱它為少女的酥胸，書中設計多款可愛的造型，讓派對充滿更多歡樂！

DATA

· 生料總重：155g
· 生料保存：現拌即用
· 甜點數量：直徑2cm圓形約20片
· 甜點保存：冷藏7天

材料
INGREDIENTS

A	┌ 蛋白〔1〕	35g
	└ 純糖粉（A）〔2〕	35g
B	┌ 杏仁粉〔3〕	45g
	└ 純糖粉（B）〔4〕	40g

TIPS

○ 使用老蛋白更容易操作，老蛋白即冷藏或冷凍過的蛋白。

○ 所使用的器具和打蛋器都必須乾淨無油脂殘留的狀態，以免影響蛋白打發。

○ 台灣氣候較潮濕，建議使用烤箱結皮法讓馬卡龍蛋白霜乾燥，成功率提高。

作法
STEP BY STEP

製作蛋白霜

 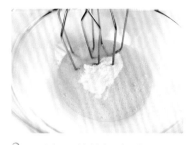 

1 蛋白用電動打蛋器打成液態（即斷筋）。

2 分次加入純糖粉（A）。

3 開中速將蛋白慢慢打發至挺立狀態。

混合攪拌

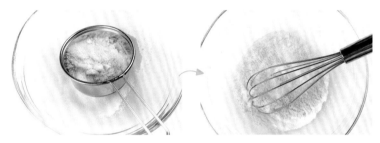

4 杏仁粉和純糖粉（B）混合，透過篩網過篩。

5 再倒入作法3蛋白霜中。

擠圓烘烤

6 用刮刀輕輕切拌至緞帶狀，即為馬卡龍蛋白霜。

7 再裝入套大圓花嘴的擠花袋，圓形矽膠墊鋪於烤盤。

8 擠出馬卡龍蛋白霜後用針筆修飾，輕敲烤盤排出多餘空氣。

9 以上火60℃、下火0℃烤10至15分鐘至表面有一層硬殼，即為烤箱結皮法。

10 烤箱以上火170℃、下火120℃預熱，將結皮的馬卡龍烤12至14分鐘，取出冷卻。

調色技巧與重點

✐ 甜點加顏色原因

主要原因可提升外觀價值感、增加食欲及色彩飽和度，或是方便區分不同口味的甜點。比如市面上販售多種風味的馬卡龍，為了讓消費者能夠清楚辨別產品口味，所以用顏色區分，比如草莓用粉紅色、南瓜則調色黃色或橘色等。

✐ 色粉調色訣竅

先和水調合

若想達到最佳效果必須與少量水先調合，因為水分可以釋放色素，所以色粉量不需要太多，濃稠度可以慢慢加水調整。

循序漸進調整顏色

粉末比較容易因放置時間或保存方式不當造成結塊，建議使用前可先用篩網過篩，並採循序漸進方式調整顏色，比如使用紅色系的色粉（紅麴粉、梔子紅等），以少量增加到麵團或麵糊中，顏色會呈現淡淡的粉紅色；若需顏色更深，則增加色粉的使用量。

留意色粉味道

市面上每一種色粉都有少許味道，比如紅麴、抹茶，可可粉、竹炭粉，使用時需考慮會不會影響風味或整個麵團的水分比例。各家廠牌色粉飽和度不同，可以試著練習與實作幾次來調整所需要的顏色量。

🖊️ 色膏調色訣竅

色彩飽和度較高

色膏有國產與進口，進口的色膏有訴求1歲小孩也能安心吃，安全度非常高。色膏的濃稠度和色彩飽和度比色粉更高，非常適合像馬林糖、馬卡龍這類蛋白霜系列產品，這些產品需要更高的穩定性，使用色膏調色比較不會干擾配方中的水分。

盡量使用牙籤取量

若需調整顏色，可以少量增加的方式，以免調色一開始太重，想回淡就比較麻煩。調色時盡量使用牙籤沾取，可以方便準確控制所家的量，避免一次性擠出，造成過多而浪費。

油性及水溶性

色膏分為油性及水溶性，油性色膏適用於巧克力類調色，水溶性較為普遍，大致上麵團、麵糊、蛋白霜等，都可以用水溶性色膏來調色。

調色時間點

麵團類

加入顏色材料後，用按壓的方式將麵團延展開再收合，重複幾次讓顏色與麵團融合均勻為止，顏色的濃淡也可以慢慢增加到麵團中調整。

麵糊類 & 蛋白霜類

取少量的麵糊（或蛋白霜）先混合顏色，再加入主體拌勻，過程中必須輕柔的翻拌，可避免蛋白霜、麵糊消泡太快。

TIPS

- 開封後的色粉請放在密封的罐子中，陰涼通風處保存。
- 色粉及色膏可依喜好斟酌選擇，色粉顯色較為柔和、淡雅。
- 色膏調色則有一定的飽和度，色彩較為亮麗鮮明，各有不同優點，大家可以試著嘗試不同調色方式，找出自己喜歡的風格。
- 調色後可依需要量裝入擠花袋，袋口綁緊後即可使用。

Chapter

節日派對
造型甜點

萬象更新迎新年

充滿期待、希望滿滿的一年之初，
就用喜氣洋洋的造型甜點，為家人朋友獻上最溫暖的祝福。

無論是招財貓馬林糖、福神旺來酥、恭喜發財紅包餅乾等，
只要嘗一口，就能感受到喜氣洋洋的甜點，
趕快動手做，為自己和親友帶來好運氣吧！

招財貓馬林糖

份量
12隻

材料
INGREDIENTS

A
馬林糖蛋白霜 ·························· 120g ⇨ P.56
黃色色膏 ····························· 1米粒

B
紅色色膏 ····························· 1米粒
竹炭粉 ······························ 2g
食用金粉 ···························· 1g

--- TIPS ---

↪ 領巾顏色可以自由搭配，蛋白霜調色動作需輕柔，才能避免消泡。

 **作法**
STEP BY STEP

蛋白霜調色

1 取20g蛋白霜和黃色色膏輕輕調勻。

2 取20g蛋白霜和紅色色膏調勻，20g蛋白霜和竹炭粉調勻。

3 蛋白霜分別裝入擠花袋，剩餘60g裝入套小圓口的擠花袋。

組合裝飾

4 在烘焙紙上擠出直徑約2cm的白色大圓，再堆疊直徑約1.5cm小圓，用針筆修飾形狀。

5 兩圓球交界處先擠上黃色線條，再擠上紅色半圓形成領巾。

6 用黑色擠上五官後以針筆修飾，並劃出貓鬚線條。

7 白色蛋白霜擠出手和耳朵，用針筆修飾形狀。

8 在耳朵擠上紅色小圓。

10 食用金粉畫上線條裝飾，更添喜氣。

9 乾果機設定70℃，將馬林糖烘乾3小時以上至乾燥，取出冷卻。

鞭炮捲心串串

萬象更新迎新年

份量
7串

材料
INGREDIENTS

A ┌ 捲心酥 ·· 7個
  └ 鱈魚香絲 ·· 7條

B ┌ 白色巧克力（非調溫）····························· 100g
  │ 紅色色膏 ·· 3米粒
  └ 食用金粉 ··· 0.5g

作法
STEP BY STEP

沾裹巧克力

 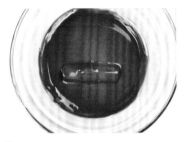 

1 白色巧克力加熱熔化，加入紅色色膏輕輕拌勻。

2 每個捲心酥沾裹紅色巧克力。

3 再放於烘焙紙上。

組合裝飾

  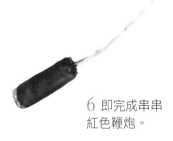

4 每個捲心酥底端黏上1條鱈魚香絲。

5 捲心酥頂端沾適量食用金粉。

6 即完成串串紅色鞭炮。

─ TIPS ─

↻ 捲心酥為市售品，可挑喜歡的夾心口味。

↻ 鱈魚香絲若太長，可依需求剪短些。

金元寶鳳梨酥

份量
4個

材料
INGREDIENTS

A ┌ 鳳梨酥餅皮麵團 ⋯⋯⋯⋯⋯⋯⋯⋯⋯⋯ 120g ⇨ P.40
  └ 黃色色粉 ⋯⋯⋯⋯⋯⋯⋯⋯⋯⋯⋯⋯⋯⋯ 1g

B   鳳梨餡 ⋯⋯⋯⋯⋯⋯⋯⋯⋯⋯⋯⋯⋯⋯⋯ 80g

前置準備

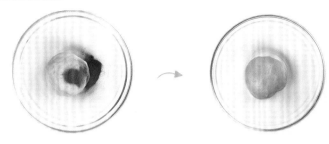

1 鳳梨酥餅皮麵團放入盆中，加入黃色色粉，混合揉勻。

2 將麵團和鳳梨餡各分成4份，搓圓。

組合裝飾

3 用擀麵棍將每份麵團擀成扁圓形。

4 再放上1份鳳梨餡。

5 用虎口將鳳梨餡包覆後滾成圓形。

6 準備元寶模具和按壓器、適量高筋麵粉（手粉）。

7 將元寶模具沾一些麵粉。

8 包鳳梨餡的麵團也沾些麵粉，再放入元寶模。

9 按壓後脫膜於烤盤，以上下火160℃烤約20分鐘至熟，取出。

TIPS

↬ 鳳梨餡每個約20g，搓圓後冰硬較好操作，內餡亦可換成喜歡的餡料口味。

↬ 鳳梨餡可選購市售現成品，鳳梨因品種季節都有影響，請自行挑選喜歡的風味。

↬ 模具沾些麵粉可順利脫模，避免遇到餅皮沾黏的狀況。

材料
INGREDIENTS

	鳳梨酥餅皮麵團	128g ⇨ P.40
A	粉紅色粉	0.7g
	黃色色粉	0.5g
B	鳳梨餡	80g
	竹炭粉	2g
	紅色色膏	1米粒
C	伏特加酒	3cc
	食用金粉	2g

72

作法
STEP BY STEP

前置準備

1 取60g麵團和粉紅色粉揉勻，60g麵團和黃色色粉，剩餘8g麵團備用。

2 麵團切對半後分別滾圓，即成為2個粉紅色、2個黃色。

3 鳳梨餡分成4份後分別搓圓。

組合烘烤

4 將兩色麵團用擀麵棍擀成扁圓形，每個餅皮包入1份鳳梨餡，用虎口完整包覆後滾圓。

5 剩餘8g麵團分成2份，每份用擀麵棍擀成扁圓形。

6 使用直徑3cm的圓框壓出2個圓形，切對半。

7 將小圓片一面沾些水黏在餅皮中間，以上下火160℃烤約20分鐘至熟，取出冷卻。

表情裝飾

8 竹炭粉和1cc伏特加酒拌勻，紅色色膏和1cc伏特加酒拌勻，食用金粉和1cc伏特加酒拌勻。

9 在黃色餅皮畫上五官表情，用金粉裝飾即黃色福神。

10 紅色福神畫法亦同，你可隨喜好畫出各種表情。

恭喜發財紅包餅乾

份量
10個

材料
INGREDIENTS

A ┌ 原味壓模餅乾麵團 ·················· 100g ⇨ P.36
  │ 紅麴粉 ···························· 4g
  └ 水 ······························ 20g

B 食用金粉 ························· 2g

麵團調色

1 紅麴粉和水先拌勻。

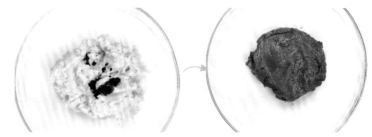

2 再和餅乾麵團拌勻成紅色麵團。

裁切烘烤

3 麵團擀成厚度0.3cm的長方形（長20×寬14cm），冷凍30分鐘至硬。

4 對切後再切4刀，形成10個小長方形（長4×寬7cm），再間隔排入烤盤。

5 斜角處用牙籤壓出三角形，以上下火160℃烤約25分鐘至熟，取出冷卻。

6 均勻刷上金粉裝飾即完成。

TIPS
- 紅包餅乾的尺寸和厚薄可自行斟酌。
- 紅麴粉和水先調勻，後續和麵團更容易拌勻。

Party. 02

浪漫甜蜜情人節

在這個可以讓人全心盡力表達愛意的情人節，
就讓浪漫滿溢的甜點堆疊你的愛意，也為戀情加溫。

無論是心動馬卡龍、你儂我儂布朗尼，
或是心心相印夾心餅乾、I Love You 生乳捲等，
都能傾注熱情愛意、忠實傳達溫暖給彼此！

唯一馬林糖

份量
15支

材料
INGREDIENTS

A ┌ 馬林糖蛋白霜 ·························· 120g ⇨ P.56
  └ 紅色色膏 ······························ 2米粒

B 彩色糖珠 ······························· 3g

── TIPS ──

↻ 馬林糖蛋白霜裝入擠花袋後,用刮板往袋子尖端推,將袋內空氣擠出。

↻ 乾果機可換成烤箱低溫烘烤開上火(不需開下火),溫度一樣70℃。

作法
STEP BY STEP

蛋白霜調色

1 馬林糖蛋白霜和紅色色膏調勻成粉紅色。

2 將蛋白霜裝入套6齒花嘴的擠花袋,袋口綁緊。

組合裝飾

3 在烘焙紙上擠出1個小星星當底座,放上紙軸。

4 將蛋白霜由中心點拉高,並順時針由內向外畫圈成花朵狀。

5 用針筆調整形狀,繼續完成其他的玫瑰花馬林糖。

6 均勻撒上糖珠裝飾。

7 乾果機設定70℃,將馬林糖烘乾3小時以上至乾燥,取出冷卻。

心心相印夾心餅乾

份量
8個

材料
INGREDIENTS

A ┌ 原味壓模餅乾麵團 ……………………… 200g ⇨ P.36
 └ 紅麴粉 ………………………………………… 2g

B 草莓巧克力（調溫） ……………………… 80g

麵團調色

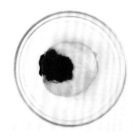

1 餅乾麵團分成2份，1份麵團和紅麴粉揉勻。

2 將粉紅色和原味麵團分別擀成厚度0.3cm的正方形（長寬各15cm），冷凍30分鐘至硬。

組合烘烤

3 兩色餅乾皮各切成寬0.5cm的長條。

4 交錯組合排列，用擀麵棍擀成雙色餅乾皮。

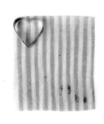

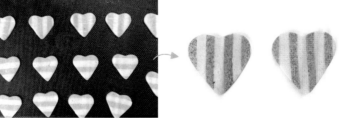

5 用模具壓出愛心形狀16片。

6 再間隔排入烤盤，以上下火160℃烤約25分鐘，取出冷卻。

夾餡組合

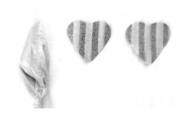

9 上下兩片餅乾夾好即可。

7 熔化的草莓巧克力裝入擠花袋。

8 再擠於冷卻的餅乾上。

莓來眼去甜甜圈蛋糕

份量
6個

材料
INGREDIENTS

A 磅蛋糕麵糊 ································· 250g ⇨ P.48

B ┌ 白色巧克力（非調溫）··············· 30g
 │ 草莓巧克力（非調溫）··············· 200g
 └ 粉紅玫瑰色膏 ························· 2米粒

C ┌ 彩色糖珠 ····························· 10g
 └ 果乾碎 ······························· 10g

作法
STEP BY STEP

入模烘烤

1 模具先刷上薄薄奶油再撒麵粉，扣出多餘粉。

2 麵糊平均擠入模具中，每個約40g麵糊。

3 放入烤箱以上火180℃、下火170℃烤20至25分鐘，取出冷卻。

組合裝飾

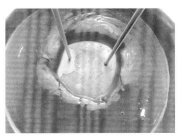

4 白色巧克力加熱熔化。

5 草莓巧克力加熱熔化。

6 草莓巧克力加入色膏調勻，磅蛋糕沾裹一層草莓巧克力。

TIPS

❧ 如果使用不沾材質的甜甜圈模具，就不需刷油撒粉。

7 用白色巧克力隨意擠上線條，並撒上彩色糖珠、果乾碎裝飾即可。

I LOVE YOU 生乳捲

浪漫甜蜜情人節

份量
1捲

材料
INGREDIENTS

A
- 無鹽奶油（切小丁）················· 15g
- 純糖粉 ································· 15g
- 蛋白 ··································· 15g
- 低筋麵粉 ······························ 15g
- 植物性液體油 ·························· 8g
- 紅色色膏 ···························· 1米粒

B 戚風蛋糕麵糊 ······················ 330g ➪ P.45

C
- 動物性鮮奶油 ······················ 150g
- 上白糖 ······························· 15g

作法
STEP BY STEP

製作手繪麵糊

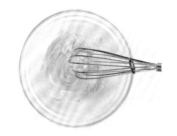  

1 無鹽奶油用打蛋器打勻。　2 加入純糖粉，繼續拌勻。　3 分次加入蛋白後攪打至吸收。

TIPS

- ↻ 鮮奶油打發至紋路立體明顯，適合做蛋糕夾餡或擠花裝飾。
- ↻ 植物性液體油慢慢加，依麵糊流性調整添加量，看到可流動即停止。

  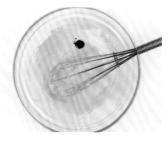

4 再加入低筋麵粉拌勻至無粉狀態。

5 慢慢加入液體油拌勻，邊加邊調整麵糊流性。

6 接著加入紅色色膏調勻，再裝入擠花袋備用。

入模烘烤

7 將LOVE底圖放在方形烤盤（長寬各25cm）的上方1/3處，鋪上1層烘焙布，用紅色麵糊描繪底圖的LOVE，再放入冰箱冰硬。

8 取60g戚風蛋糕麵糊裝入另一個擠花袋。

9 再擠入紅色英文字邊緣將空隙補滿，剩餘的戚風蛋糕麵糊倒入烤盤。

 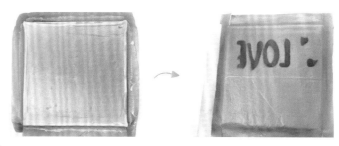

10 用刮板抹平後輕敲烤盤，排出多餘空氣。

11 以上火180℃、下火150℃烤約25分鐘至金黃且熟，取出冷卻。

夾餡捲起

12 移除蛋糕表面的烘焙布後，將蛋糕移至乾淨的烘焙紙上。

13 動物性鮮奶油和上白糖打發至紋路立體明顯。

14 蛋糕表面抹上一層打發鮮奶油。

15 在沒有彩繪的這端輕輕畫出兩刀。

16 擠上數條打發鮮奶油。

17 透過擀麵棍協助，再慢慢捲起後壓緊固定，即完成蛋糕捲。

浪漫甜蜜情人節

心動馬卡龍

份量
10個

材料
INGREDIENTS

A	馬卡龍蛋白霜	155g ⇨ P.58
	白色色膏	1米粒
B	竹炭粉	1g
	紅色色膏	1米粒
	伏特加酒	2cc
C	白色巧克力（調溫）	40g

───── TIPS ─────

↻ 台灣氣候較潮濕，建議使用烤箱結皮法讓馬卡龍蛋白霜乾燥，成功率提高。

↻ 馬卡龍表面裝飾的愛心和電波圖案，可自由發揮繪製。

作法
STEP BY STEP

愛心馬卡龍

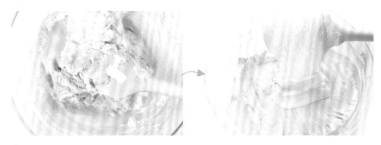

1 馬卡龍蛋白霜和白色色膏調勻後裝入擠花袋。

2 愛心矽膠墊鋪於烤盤。

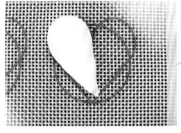

3 將馬卡龍蛋白霜擠在愛心矽膠墊上。

4 用針筆修飾愛心，輕敲烤盤底部排出多餘空氣。

烘烤組合

5 結皮：放入烤箱後，以上火60℃、下火0℃烤10至15分鐘，摸表面有一層硬殼即可取出。

6 待烤箱以上火170℃、下火120℃預熱後，將結皮的馬卡龍烤12至14分鐘，取出冷卻。

7 竹炭粉和1cc伏特加酒拌勻，紅色色膏和1cc伏特加酒拌勻。

8 在馬卡龍上畫出紅色愛心和黑色電波。

9 白色巧克力加熱熔化後裝入擠花袋，擠在馬卡龍當夾餡。

10 將兩片黏合即完成。

閃閃惹人愛蛋糕棒

份量
6支

材料
INGREDIENTS

A
烤好的海綿蛋糕 ·························· 180g ⇨ P.44
巧克力醬 ·································· 10g

B
白色巧克力（非調溫）················· 150g
白色糖珠 ································· 35g
食用粉紅金粉 ····························· 1g

 **作法**
STEP BY STEP

前置準備

 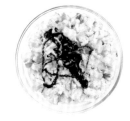 

1 海綿蛋糕捏碎於盆中,加入巧克力醬拌勻。

2 再分成每個約30g,用手搓圓並壓密實。

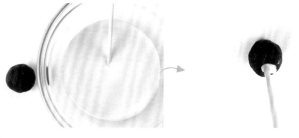 

3 白色巧克力加熱熔化,將紙軸沾白色巧克力後插入蛋糕球固定。

組合裝飾

 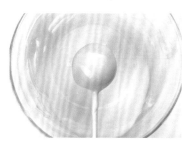 

4 將蛋糕球裹上第一層白色巧克力。

5 待凝固後再裹上第二層白色巧克力。

6 趁白色巧克力未乾即撒上白色糖珠,乾燥後立刻撒上粉紅金粉。

TIPS

↩ 巧克力醬的量可視蛋糕體水分增減。

↩ 熔化的巧克力需用深一點的窄口容器裝盛,沾裹時可節省巧克力的損耗量。

7 將白色巧克力隨興畫上線條裝飾,靜置凝固即完成。

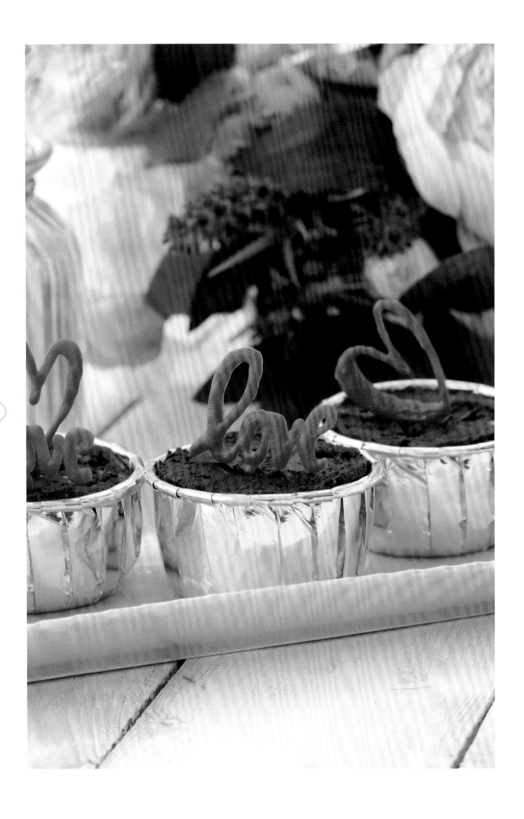

你儂我儂布朗尼

浪漫甜蜜情人節

份量
6杯

材料
INGREDIENTS

A 布朗尼麵糊 ··················· 350g ⇨ P.52

B ┌ 草莓巧克力（非調溫）········· 30g
　└ 紅色色膏 ················· 2米粒

作法
STEP BY STEP

入模烘烤

1 布朗尼麵糊裝入擠花袋，袋口綁緊。

2 再擠入直徑5cm杯模約7分滿，輕敲烤盤排出多餘空氣。

3 放入烤箱以上下火200℃烤12至15分鐘至熟。

組合裝飾

4 取出後待冷卻。

5 草莓巧克力加熱熔化。

6 加入紅色色膏調勻後裝入擠花袋，並準備LOVE底圖。

7 照著LOVE描繪並畫出愛心，冷藏至硬，再插於布朗尼蛋糕上即完成。

TIPS

↻ 巧克力熔化可用微波或隔水加熱方式，詳細操作見P.30。

↻ 杯子紙模高度會影響裝盛的麵糊量和烘烤時間，可斟酌調整。

搞怪創意萬聖節

萬聖節是全世界許多國家經常度過的節日，
甚至會搭配好玩有趣的活動及甜點，
讓大家徹底釋放童心，為萬聖節增添又驚又喜的色彩。

融入骷髏、蜘蛛網、幽靈、木乃伊、女巫等黑暗詭譎的元素，
創造驚魂骷髏餅乾、魔鬼合唱團戚風蛋糕，甚至是南瓜馬卡龍等，
幻化成充滿暗黑童趣的甜蜜滋味！

驚魂骷髏餅乾

份量
10片

材料
INGREDIENTS

A 原味壓模餅乾麵團 ························ 100g ⇨ P.36

B ┌ 白色巧克力（非調溫）··············· 30g
　 苦甜巧克力（非調溫）··············· 5g
　└ 紫色小花糖片 ····················· 10g

 作法
STEP BY STEP

壓型烘烤

1 將烘焙紙鋪於麵團上下,擀成厚度0.3cm的薄片。

2 放入冰箱冷藏或冷凍30分鐘以上至硬。

3 用薑餅人模具壓出12片。

組合裝飾

4 放入烤箱以上下火160℃烤約25分鐘,取出冷卻。

5 兩種巧克力分別加熱熔化後裝入擠花袋,將白色巧克力在餅乾上畫出骨頭紋路。

6 於頭部黏上紫色小花糖片。

7 用黑色巧克力畫出眼睛和嘴巴即可。

TIPS

- 紫色小花糖片可到烘焙材料行選購,也可換別的顏色。
- 薑餅人模具有不同尺寸可選,這款人形使用寬5.4×高8cm。
- 壓模切出的多餘麵團,可結合後繼續擀成薄片使用。

蜘蛛喇牙餅乾

搞怪創意萬聖節

份量
20片

材料
INGREDIENTS

A 原味壓模餅乾麵團······200g ⇨ P.36

B ┌ 苦甜巧克力（非調溫）·····30g
　└ 巧克力眼睛糖珠······40顆

作法
STEP BY STEP

分割烘烤

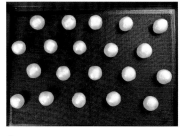
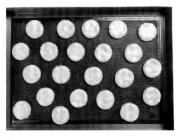

1 將麵團分成20小份後滾圓，再間隔排入烤盤上。

2 用手輕輕壓扁成直徑約5cm。

3 以上下火180℃烤約20分鐘，取出冷卻。

組合裝飾

4 苦甜巧克力加熱熔化後裝入擠花袋，在餅乾上畫出蜘蛛頭和腳。

5 接著黏上巧克力眼睛糖珠即完成。

TIPS

↻ 白色眼睛糖珠由糖製成，可到烘焙材料行購買。

↻ 如果餅乾當天吃不完，則可放入密封盒保存，能避免受潮。

搞怪創意萬聖節

馬林夾心小圓餅

份量
20個

A
┌ 馬林糖蛋白霜 ································· 60g ⇨ P.56
└ 竹炭粉 ······································· 2g

B
┌ 小圓形餅乾 ································· 40片
└ 花生醬 ······································ 60g

作法
STEP BY STEP

蛋白霜調色

1 取3g馬林糖蛋白霜和竹炭粉混合，輕拌調勻。

2 將白色蛋白霜及黑色蛋白霜分別裝入擠花袋備用。

組合裝飾

3 白色蛋白霜在20片小圓形餅乾擠出約直徑1cm圓形，往上收尾拉出尖角，用針筆修飾。

4 黑色蛋白霜擠上喜歡的眼睛和嘴巴，用針筆修飾。

5 乾果機設定70℃，將馬林糖烘乾3小時以上至乾燥，取出冷卻。

6 再夾入適量花生醬即可。

┌ T I P S ─┐

↪ 小圓餅乾是口感較酥鬆的市售餅乾，也可以較脆的原味壓模餅乾麵團製作，詳見P.36。

鬼鬼布朗尼

搞怪創意萬聖節

份量
9個

材料
INGREDIENTS

A 布朗尼麵糊 ·························· 270g ⇨ P.52

B ┌ 棉花糖（大）·················· 9顆
  └ 苦甜巧克力（非調溫）········· 20g

 作法
STEP BY STEP

入模烘烤

1 麵糊倒入長寬各10cm的正方形矽膠模，輕敲模具排出多餘空氣。

2 以上下火200℃烤12至15分鐘，取出冷卻後切成9塊。

組合裝飾

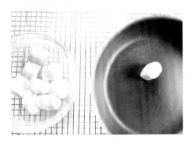

3 棉花糖以小火加熱底面至軟。

4 立即夾出後黏於布朗尼蛋糕。

5 苦甜巧克力加熱熔化。

6 用牙籤沾適量黑巧克力，在棉花糖表面畫上嘴巴和眼睛即完成。

TIPS

◇ 巧克力可用隔水加熱或微波方式熔化，詳細操作見P.30
◇ 可以將鬼鬼布朗尼放入密封盒保存，能避免受潮。

魔鬼合唱團戚風蛋糕

份量
5吋
1個

材料
INGREDIENTS

A ⌈ 馬林糖蛋白霜 ·························· 60g ⇨ P.56
  ⌊ 苦甜巧克力（非調溫）·············· 20g

B ⌈ 戚風蛋糕麵糊 ····················· 330g ⇨ P.45
  ⌊ 橘色色膏 ···························· 3米粒

C 黑巧克力甘納許 ···················· 200g ⇨ P.34

─ TIPS ─

↪ 戚風蛋糕在烘烤過程需要沿著模具向上
爬升，所以不適合用不沾模材質。

馬林糖裝飾

1 馬林糖蛋白霜裝入套大圓花嘴的擠花袋。

2 在烘焙紙上擠出圓形，往上收尾拉出一個尖角後，用針筆修飾。

3 乾果機設定70℃，將馬林糖烘乾3小時以上至乾燥，取出冷卻。

4 苦甜巧克力加熱熔化後裝入擠花袋。

5 在乾燥的馬林糖畫上眼睛和嘴巴。

烘烤戚風蛋糕

6 戚風蛋糕麵糊和橘色色膏混合，輕輕拌勻，再倒入5吋圓形模具，輕敲蛋糕模排出多餘空氣。

7 放入烤箱以上火170℃、下火150℃烤20至25分鐘，取出後倒扣，冷卻脫模。

組合淋甘納許

8 在蛋糕表面淋上黑巧克力甘納許。

9 將小魔鬼馬林糖黏於蛋糕上面和四周即完成。

埃及木乃伊蛋糕棒

份量
6支

材料
INGREDIENTS

A ┌ 烤好的海綿蛋糕 ························· 180g ⇨ P.44
  └ 巧克力醬 ···································· 10g

B   白色巧克力（非調溫）··················· 150g

C ┌ 白色翻糖 ···································· 20g
  └ 巧克力眼睛糖珠 ························· 12顆

─ T I P S ─

↪ 熔化的巧克力需用深一點的窄口容器裝
   盛，沾裹時可節省巧克力的損耗量。

↪ 可以在凝固的白色巧克力面沾裹彩色糖
   珠，做成繽紛的棒棒糖蛋糕。

 **作法**
STEP BY STEP

前置準備

1 海綿蛋糕捏碎於盆中，加入巧克力醬拌勻。

2 再分成每個約30g，用手搓圓並壓密實。

3 白色巧克力加熱熔化。

組合裝飾

4 將紙軸沾白色巧克力後插入圓形蛋糕球固定。

5 將蛋糕球裹上第一層白色巧克力。

6 待凝固後再裹上第二層白色巧克力。

7 趁白色巧克力未乾即黏上巧克力眼睛糖珠，放置凝固。

8 將白色翻糖搓成細長條後稍微壓扁。

9 再繞著蛋糕球形成木乃伊的繃帶即可。

107

女巫掃把餅乾棒

份量
15支

材料
INGREDIENTS

A ┌ 鱈魚香絲 ·································· 45g
　└ 餅乾棒（粗）···························· 15支
B 　白色巧克力（非調溫）················ 15g

作法
STEP BY STEP

前置準備

1 取15條鱈魚香絲備用；剩餘的剪半並修等齊，分成15份。

2 白色巧克力放入微波爐或隔水加熱熔化，詳細操作見 P.30。

組合黏住

3 餅乾棒沾熔化的白色巧克力。

4 依序黏1份鱈魚香絲，並用預留的長條鱈魚香絲綁好固定即可。

─ TIPS ─

↺ 鱈魚香絲若不好綁，可用熔化的白色巧克力將結固定。

↺ 餅乾棒為市售品，可挑選比較粗的做這款甜點。

南瓜馬卡龍

搞怪創意萬聖節

份量
12個

材料 INGREDIENTS

A ┌ 馬卡龍蛋白霜 ·················· 155g ⇨ P.58
　 └ 橘色色膏 ························ 2米粒
B 苦甜巧克力（調溫）·············· 40g

作法
STEP BY STEP

蛋白霜調色

1 馬卡龍蛋白霜放入盆中，加入 橘色色膏。

2 輕輕攪拌均勻。

3 再裝入套大圓花嘴的擠花袋。

4 圓形矽膠墊鋪於烤盤，擠出馬卡龍蛋白霜成圓形。

5 用針筆修飾表面，輕敲烤盤 讓多餘空氣排出。

烘烤組合

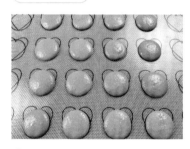 

6 結皮：放入烤箱以上火60℃、 下火0℃烤10至15分鐘，摸表面 有一層硬殼即可。

7 烤箱以上火170℃、下火120℃預熱，將結皮的馬卡龍烤12至14 分鐘，取出冷卻。

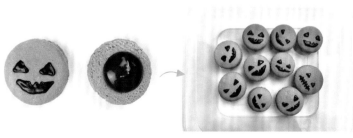

8 苦甜巧克力加熱熔化後裝入擠花袋，在馬卡龍畫上眼睛和嘴巴，
擠上巧克力當夾心即完成。

TIPS

○ 台灣氣候較潮濕，
  建議使用烤箱結皮
  法讓馬卡龍蛋白霜
  乾燥，成功率提高。

歡樂繽紛聖誕節

由令、綠、紅、白色交織而成的歡樂日子裡，
滿城的聖誕樹、薑餅人、拐杖糖、雪人、麋鹿，
你感受到繽紛的聖誕氣息了嗎？

就讓它們變成美麗的甜點一起出現在餐桌上，
精選聖誕泡芙塔、雪人杯子蛋糕、麋鹿棒棒糖蛋糕等，
來一場美好的相遇與最棒的溫馨祝福吧！

聖誕花圈曲奇餅乾

份量
28片

TIPS

- 香草醬能增加風味,沒有也可省略。
- 麵團若太硬不好擠,可以適當增加一點蛋液來調整軟硬度。
- 國外稱這款餅乾為曲奇,台灣稱它是奶油小西餅,不管名字有多少種,用花嘴擠餅乾是重點。

材料
INGREDIENTS

A	無鹽奶油（室溫）	70g
	純糖粉	35g
	香草醬	2滴
B	全蛋	15g
	蛋黃	20g

C	低筋麵粉	90g
	玉米粉	10g
	抹茶粉	3g
D	白色巧克力（非調溫）	50g
	彩色糖珠	5g

作法
STEP BY STEP

前置烘焙

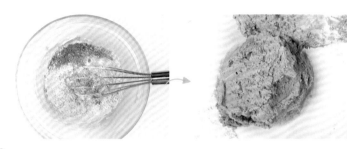

1 奶油和純糖粉打發，分次加入材料B打勻。

2 再加入香草醬拌勻，接著加入已混合過篩的材料C拌勻。

組合裝飾

3 再裝入套6齒花嘴的擠花袋中備用。

4 在烤盤依順時鐘擠一圈，以上下火180℃烤約18分鐘使上色，取出冷卻。

5 白色巧克力加熱熔化。

6 將抹茶餅乾沾一些熔化的白色巧克力。

7 趁巧克力乾燥前撒上彩色糖珠即完成。

拐杖餅乾

歡樂繽紛聖誕節

份量
18支

↪ 紅麴粉和水先調勻，後續和麵團更容易拌勻。

↪ 拐杖餅乾的長度可自行斟酌。

材料
INGREDIENTS

A ┌ 原味壓模餅乾麵團 ·························100g ⇨ P.36
  │ 紅麴粉 ·······································4g
  └ 水 ··20g

作法
STEP BY STEP

麵團調色

1 紅麴粉和水先拌勻。

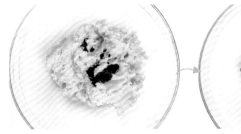

2 餅乾麵團分成2份，取1份和紅麴水揉勻成紅色。

組合烘烤

3 兩色麵團分別擀成厚度0.3 cm的薄片，冷凍30分鐘至硬。

4 再分別切細條（一色6條），接著搓成長度約15cm。

5 交疊繞成細麻花捲（共6支），每支切3段後可以折成約5cm 的拐杖形狀。

6 放入烤盤後入烤箱，以上下火 180℃烤約18分鐘，取出冷卻。

麋鹿棒棒糖蛋糕

份量
6支

TIPS

↻ 巧克力醬可以用奶油乳酪代替。

↻ 圓球糕體不大，所以裝盛熔化巧克力可用窄口且深的
容器，如此能節省巧克力的損耗。

材料
INGREDIENTS

A ┌ 烤好的海綿蛋糕 ·· 180g ⇨ P.44
  └ 巧克力醬 ··· 10g
B ┌ 苦甜巧克力（非調溫）····························· 150g
  └ 白色巧克力（非調溫）······························· 20g
C ┌ 餅乾棒（粗）·· 4支
  └ 紅色巧克力球 ·· 6顆

作法
STEP BY STEP

前置準備

1 海綿蛋糕捏碎於盆中，加入巧克力醬拌勻。

2 再分成每個約30g，用手搓圓並壓密實。

3 兩種巧克力分別加熱熔化，將紙軸沾黑色巧克力後插入蛋糕球固定。

組合裝飾

4 將蛋糕球裹上第一層黑色巧克力，待凝固後裹上第二層黑色巧克力。

5 每支餅乾棒折成3小段，趁巧克力未凝固立即插在蛋糕球兩側（耳朵）。

6 以黑色巧克力當作黏合劑貼上紅色巧克力球（鼻子）。

7 用白色巧克力畫上眼白，黑色巧克力畫上眼珠即完成。

歡樂繽紛聖誕節

聖誕泡芙塔

份量
1座

材料	A	泡芙皮麵糊	260g ⇨ P.54	
INGREDIENTS		白色巧克力（非調溫）	100g	

─── T I P S ───

↻ 泡芙的尺寸可隨喜好擠製，需要一致，堆疊後才會美觀。

↻ 泡芙塔的裝飾品和緞帶可以自由搭配。

作法
STEP BY STEP

烘烤泡芙

1 泡芙皮麵糊裝入套大圓花嘴的擠花袋。

2 將麵糊擠在鋪烘焙紙的烤盤，每個大約直徑1.5cm。

3 麵糊表面撒上珍珠糖。

組合裝飾

4 放入烤箱後以上火180℃、下火150℃預熱，關掉下火（0℃）烤約20分鐘，將上火轉120℃，烤約30分鐘乾燥。

5 白色巧克力加熱熔化後裝入擠花袋，擠在7吋鋁箔盤數圈。

6 底座先排一圈泡芙固定。

7 再擠一些白色巧克力，往上堆疊第二圈泡芙，每一顆泡芙之間可以用白色巧克力黏合。

8 往上堆疊至泡芙用完，大約可以完成5層。

9 於泡芙塔繞上緞帶，在頂層放星星飾品或撒上珍珠糖即可。

聖誕樹布朗尼

份量
6杯

材料
INGREDIENTS

A 布朗尼麵糊 ······························ 350g ⇨ P.52

B ┌ 聖誕樹巧克力飾片 ·················· 6～12片 ⇨ P.32
 └ 噴式食用金粉 ························· 1g

作法
STEP BY STEP

入模烘烤

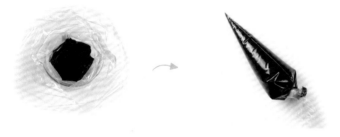

1 麵糊裝入擠花袋後袋口綁緊，尖端剪一個小洞。

2 將麵糊擠入直徑5cm杯模約7分滿，輕敲烤盤排出多餘空氣。

3 放入烤箱以上下火200℃烤12至15分鐘至熟。

4 從烤箱取出布朗尼蛋糕，等待完全冷卻。

組合裝飾

5 將聖誕樹巧克力飾片插於蛋糕上，再均勻撒食用金粉即完成。

> ─ T I P S ─
>
> ↻ 若使用軟紙杯，需放入馬芬烤盤增加支撐力。
>
> ↻ 烘烤時間愈長，則蛋糕組織愈乾。
>
> ↻ 用噴的方式將食用金粉噴於巧克力片，附著更均勻。

雪人杯子蛋糕

份量
10杯

 **材料**
INGREDIENTS

A ┌ 戚風蛋糕麵糊 ································· 300g ➪ P.45

  ┌ 棉花糖（大）································ 15顆

B │ 苦甜巧克力（非調溫）··············· 20g

  └ 餅乾棒（細）····························· 10支

 **作法**
STEP BY STEP

(入模烘烤)

1 麵糊裝入直徑5cm杯模約7分滿，輕敲烤盤排出多餘空氣。

2 放入烤箱以上火170℃、下火150℃烤約20分鐘至熟，取出冷卻。

(組合裝飾)

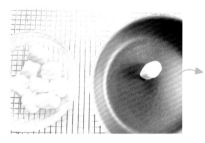

3 棉花糖以小火加熱底面至軟，立即夾出黏於烤好的蛋糕。

4 苦甜巧克力加熱熔化。

5 餅乾棒折小段，沾巧克力後黏於棉花糖做出鼻子和手。

6 用巧克力點上眼睛即完成。

┌─ T I P S ─┐

☙ 巧克力加熱熔化有隔水及微波方式，詳細見P.30。

抱抱薑餅人

材料
INGREDIENTS

A ┌ 巧克力壓模餅乾麵團 ·························· 100g ⇨ P.38
  └ 杏仁果 ·· 10顆

B ┌ 白色巧克力（非調溫） ····················· 20g
  │ 紅色巧克力球 ····························· 5～10顆
  └ 彩色糖片 ·· 5g

TIPS

◌ 壓模切出的多餘麵團，可結合後繼續擀成薄片使用。

◌ 薑餅人模具有不同尺寸，這款人形使用寬5.4×高8cm。

作法
STEP BY STEP

壓型烘烤

1 烘焙紙鋪於麵團上下，擀成厚度0.3cm的薄片。

2 放入冰箱冷凍30分鐘以上至麵團變硬。

3 使用薑餅人壓模（寬5.4×高8cm）壓出數片。

4 再間隔排入烤盤。

5 將薑餅人手部往內折，並塞上小小鋁箔球或是杏仁果。

組合裝飾

6 放入烤箱以上下火160℃烤約15分鐘，烤盤調頭後續烤10分鐘，取出冷卻。

7 白色巧克力加熱熔化。

8 取下鋁箔球換成杏仁果或糖果，用白巧克力畫上五官和衣服，紅色巧克力球和彩色糖片裝飾即可。

紅帽老公公棒蛋糕

歡樂繽紛聖誕節

份量
6支

材料
INGREDIENTS

A	烤好的海綿蛋糕	180g ⇨ P.44
	巧克力醬	10g
B	白色巧克力（非調溫）	150g
	苦甜巧克力（非調溫）	30g
C	棉花糖（小）	20g
	白色翻糖	48g
	紅色色膏	3米粒

 作法
STEP BY STEP

前置準備

1 海綿蛋糕捏碎於盆中，加入巧克力醬拌勻。

2 再分成每個約30g，用手搓圓並壓密實。

沾裹巧克力

3 兩色巧克力分別加熱熔化。

4 將紙軸沾白色巧克力後，插入圓形蛋糕球固定。

5 將蛋糕球裹上第一層白色巧克力。

6 待凝固後裹上第二層白色巧克力。

製作帽子

7 白色翻糖分成3份（24g、18g、6g），取24g和紅色色膏揉勻。

8 用直徑約6cm圓框模壓出6個圓片，再切除一小塊橄欖形。

組合裝飾

9 待白巧克力凝固即可黏上紅色翻糖，包覆蛋糕球1/2處形成帽子。

10 取18g白色翻糖分成6份並搓長（每條3g），將6g搓6個小球。

11 再繞著帽緣黏住，帽尾黏上白色小球，下巴沾一層白色巧克力，黏上棉花糖形成鬍子。

12 用黑色巧克力畫上眼睛即可。

TIPS

❧ 熔化的巧克力需用深一點的窄口容器裝盛，沾裹時可節省巧克力的損耗量。

葉子馬林糖

份量
20片

材料
INGREDIENTS

A　馬林糖蛋白霜 ·································· 60g ⇨ P.56

B　綠色色膏 ··· 2米粒
　　紅色色膏 ··· 1米粒

C　抹茶巧克力（非調溫）················· 50g

131

作法
STEP BY STEP

蛋白霜調色

1 取45g馬林糖蛋白霜和綠色色膏輕輕拌勻。

2 再裝入套葉子花嘴的擠花袋中備用。

3 取15g馬林糖蛋白霜和紅色色膏輕輕拌勻。

4 再裝入擠花袋備用。

製作葉子

5 將葉子花嘴開口朝著烘焙紙頂著約45度角。

6 手勢傾斜依12點鐘方向,順勢擠出第一片葉子。

7 轉向順勢擠出第二片葉子。

8 再轉向順勢擠出第三片葉子。

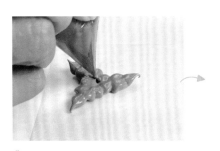

9 紅色蛋白霜袋口剪一個0.1cm小洞，在葉子正中間擠上3個小圓點。

（烘乾組合）

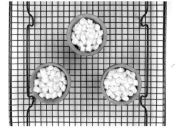

10 乾果機設定70℃，將馬林糖烘乾3小時以上至乾燥，取出冷卻。

11 取數顆棉花糖放入小盆栽容器，用噴槍將表面噴上色。

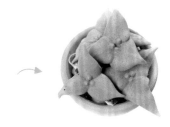

12 抹茶巧克力加熱熔化後擠於棉花糖上，放上葉子馬林糖黏合即完成。

孩子生日派對

似乎就在一瞬間，孩子長大了，
生日這個讓人欣慰又開心的時刻，為孩子辦一場難忘的生日派對，
替自己的人生和孩子成長的階段留下甜美又歡樂的見證！

可愛的微笑雲朵馬林糖、寶寶手搖鈴棒蛋糕、害羞刺蝟小蛋糕等造型，
都是能增添溫馨童趣的代表甜點，也適合和孩子一起完成耶！

不乖吃棍子

孩子生日派對

份量
20支

材料
INGREDIENTS

A ┌ 檸檬巧克力（非調溫）·················· 100g
　└ 餅乾棒（粗）··························· 20支

B ┌ 巧克力小雛菊 ························· 20朵
　│ 白色糖珠 ····························· 3g
　└ 細砂糖 ······························· 5g

作法
STEP BY STEP

（前置準備）

1 將所有材料秤量完成。

2 檸檬巧克力加熱熔化備用。

（組合裝飾）

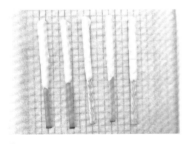
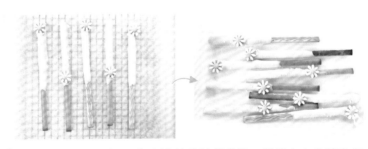

3 餅乾棒沾裹熔化的檸檬巧克力約 1/2 長度，靜置烘焙紙上。

4 趁檸檬巧克力未乾，將小雛菊黏於餅乾棒，並撒上白色糖珠和細砂糖裝飾。

─ TIPS ─

◔ 餅乾棒為市售品，可挑選比較粗的做這款甜點。

◔ 巧克力小雛菊可到烘焙材料行購買，也能換別的顏色或花種。

◔ 非調溫檸檬巧克力可換成草莓巧克力，糖珠亦可換成彩色，隨心搭配玩出不同裝飾。

哩熊乖威化餅乾蛋糕

份量
10 個

材料
INGREDIENTS

┌ 戚風蛋糕麵糊 ·· 220g ⇨ P.45
└ 甜筒威化餅乾 ·· 10個

┌ 苦甜巧克力（非調溫）······························ 20g
└ 圓形檸檬巧克力飾片（直徑1cm）······ 20片 ⇨ P.32

作法
STEP BY STEP

(入模烘烤)   (組合裝飾)

1 將戚風蛋糕麵糊倒入直徑5cm杯模8分滿，每杯麵糊量約20至22g。

2 放入烤箱以上火170℃、下火150℃烤約15分鐘至熟，取出即倒扣，冷卻脫膜。

3 每個甜筒威化餅乾裡面可塞入一些棉花糖，上方再放入蛋糕體。

4 巧克力加熱熔化，巧克力中心溫度45℃即可，在蛋糕體畫眼睛和鼻子，將圓形檸檬巧克力飾片沾點巧克力，黏於蛋糕體上方兩側（耳朵）即完成。

TIPS

↪ 可隨喜好畫出熊的眼睛和嘴巴模樣。

↪ 甜筒威化餅乾為市售品，有不同尺寸可供挑選。

↪ 甜筒蛋糕可以插在杯模的凹洞固定，更方便畫出五官表情。

微笑雲朵馬林糖

份量
20支

材料
INGREDIENTS

A
馬林糖蛋白霜 ························· 60g ⇨ P.56
藍色色膏 ························· 1米粒

B
粉紅色粉 ························· 1g
苦甜巧克力（非調溫） ························· 20g

 **作法**
STEP BY STEP

調色烘烤

1 馬林糖蛋白霜和藍色色膏調色均勻。

2 再裝入擠花袋，用刮板整理好，袋口綁緊後尖端剪個小洞。

3 在烘焙紙先擠出2個直徑1cm圓形。

4 接著在兩圓附近擠出數個圓形，形成雲朵狀。

5 果乾機設定70℃，將馬林糖烘乾3小時以上至乾燥，取出冷卻。

組合裝飾

6 準備粉紅金粉、水彩筆，並將巧克力加熱熔化。

7 畫上黑色眼睛和嘴巴，水彩筆沾適量粉紅色粉畫上腮紅，即完成微笑雲朵。

TIPS

↳ 馬林糖蛋白霜裝入擠花袋後，用刮板往袋子尖端推將袋內空氣擠出。

↳ 果乾機若換成烤箱低溫烘烤，溫度一樣70℃。

草莓小豬仔甜甜圈

份量
6個

材料 INGREDIENTS

A 磅蛋糕麵糊 ·· 250g ⇨ P.48

B
草莓巧克力（非調溫）·························· 200g
白巧克力（非調溫）···························· 20g
苦甜巧克力（非調溫）························· 10g
杏仁果 ·· 12顆

TIPS

↪ 沾草莓巧克力時，可用叉子輕插糕體更方便沾裹。

↪ 必須等草莓巧克力凝固，才容易畫出眼睛和鼻子。

作法
STEP BY STEP

入模烘烤

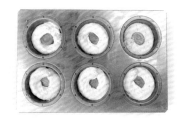

1 將磅蛋糕麵糊平均倒入甜甜圈模中。

2 放入烤箱以上火180℃、下火170℃烤20至25分鐘,取出冷卻。

組合裝飾

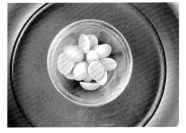

3 三種巧克力分別加熱熔化。

4 杏仁果沾草莓巧克力後插入甜甜圈上方兩側(耳朵)。

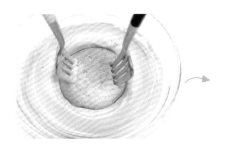

5 將每個甜甜圈整個均勻沾裹一層草莓巧克力,取出後放置烘焙紙待凝固。

6 等草莓巧克力凝固,用苦甜巧克力畫上眼睛。

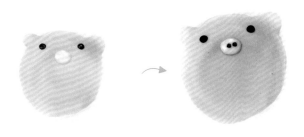

7 用白巧克力畫上鼻子,再用苦甜巧克力在鼻子處畫兩點(鼻孔)。

星光閃閃馬卡龍

份量
10 個

材料
INGREDIENTS

A
┌ 馬卡龍蛋白霜 ·································· 155g ⇨ P.58
└ 黃色色膏 ······································ 1米粒

B
┌ 白巧克力甘納許 ···························· 30g ⇨ P.34
│ 粉紅色粉 ······································ 1g
└ 苦甜巧克力（非調溫）··················· 5g

─ T I P S ─

↪ 甘納許由巧克力和鮮奶油組合而成，柔滑口感主要用於糕點夾心。

↪ 星星底圖可到烘焙材料行購買，或是自行繪製，但星星尺寸必須一樣，
　如此組合的星星才美觀。

作法
STEP BY STEP

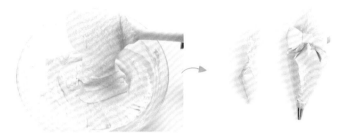

星星馬卡龍

1 準備兩個擠花袋，一個套入大圓花嘴；蛋白霜和黃色色膏調勻後裝入擠花袋（1大1小包）。

2 星星底圖放入烤盤，上方鋪1張烘焙紙。

烘烤組合

3 取小包的蛋白霜畫出星形輪廓（20片），大包的蛋白霜填滿每片星形。

4 用針筆修飾星星表面，輕敲烤盤底部後拍出多餘空氣。

5 結皮：放入烤箱以上火60℃、下火0℃烤10至15分鐘，摸表面有一層硬殼即可。

6 烤箱以上火170℃、下火120℃預熱，將結皮的馬卡龍烤12至14分鐘，取出冷卻。

7 準備白巧克力甘納許、粉紅金粉、水彩筆，並將苦甜巧克力加熱熔化。

8 每兩片星形一組，中間夾入白巧克力甘納許。

11 用熔化的苦甜巧克力畫上眼睛即完成。

9 約可完成10個星星馬卡龍。

10 水彩筆沾適量粉紅色粉在星星馬卡龍表面畫上腮紅。

寶寶手搖鈴棒蛋糕

份量
6支

材料
INGREDIENTS

A ┌ 烤好的海綿蛋糕 ······························· 180g ⇨ P.44
  └ 巧克力醬 ····································· 10g

B ┌ 白巧克力（非調溫） ························· 150g
  │ 草莓巧克力（非調溫） ····················· 150g
  │ 棉花糖（小） ······························· 5g
  └ 黃色星星糖片 ······························· 3g

TIPS

◕ 巧克力醬可以用奶油乳酪代替。
◕ 圓球糕體不大，所以裝盛熔化巧克力可用窄口且深的容器，如此能節省巧克力的損耗。

146

 作法
STEP BY STEP

前置準備

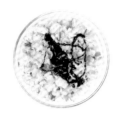

1 海綿蛋糕捏碎於盆中,加入巧克力醬拌勻。

2 再分成每個約30g,用手搓圓並壓密實。

3 兩種巧克力分別加熱熔化。

組合裝飾

4 將紙軸沾少許白巧克力,再插入蛋糕球固定。

5 取3支蛋糕球裹上第一層白巧克力。

6 待第一層白巧克力凝固,再裹上第二層白巧克力。

7 趁白巧克力未乾即黏上星星糖片及小顆棉花糖。

9 再裝飾星星糖片及小顆棉花糖,即完成可愛的手搖鈴棒蛋糕。

8 另外3支蛋糕球裹上草莓巧克力,同作法4至6。

害羞刺蝟小蛋糕

份量
12隻

材料
INGREDIENTS

A 海綿蛋糕麵糊 ····························· 360g ⇨ P.42

B ┌ 苦甜巧克力（調溫）·················· 150g
　└ 杏仁角 ································· 50g

作法
STEP BY STEP

入模烘烤 　　　　　　　　　　　　　　　　　　　　　組合裝飾

1 海綿蛋糕麵糊平均倒入栗子
蛋糕模。

2 放入烤箱以上火180℃、下火
170℃烤約20分鐘，扣出冷卻。

3 苦甜巧克力加熱熔化。

4 用叉子插入蛋糕底部後，大約45度角放入巧克力中，保留刺蝟
頭部的留白，沾裹後正面朝上放置烘焙紙。

5 均勻撒上以170℃烤香的杏
仁角。

6 用竹籤沾巧克力
畫上眼睛即完成。

┌─ T I P S ─────────────
│ ↻ 苦甜巧克力加熱熔化方式，詳細見P.30。
│ ↻ 若是不沾蛋糕模，則倒入麵糊前需先刷上薄
│ 　 薄奶油及撒麵粉。
└──────────────────────

喬遷之喜派對

揮別了老宅、迎向新屋，
怎能不辦一場象徵迎接新生活的派對呢？
就用象徵好兆頭、喜氣盈門寓意的精緻造型甜點吧！

從入厝汪汪閃電泡芙、家家和樂手指餅乾房、旺旺來甜甜圈等，
都是傳達著人生將要有一個嶄新的開始，
也為新家派對妝點美麗面貌！

搬家貓馬林糖

喬遷之喜派對

份量
6個

材料
INGREDIENTS

A ┌ 原味壓模餅乾麵團 ·········· 240g ⇨ P.36
  └ 白色巧克力（非調溫）······· 20g

B ┌ 馬林糖蛋白霜 ··············· 60g ⇨ P.56
  │ 竹炭粉 ······················· 2g
  │ 黃色色膏 ···················· 1米粒
  └ 紅色色膏 ···················· 1米粒

作法
STEP BY STEP

(箱子餅乾)

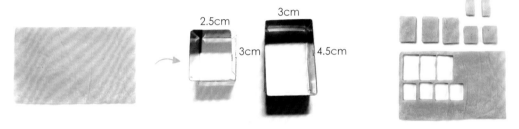

2.5cm　3cm　3cm　4.5cm

1 餅乾麵團擀成厚度0.3cm的薄片，利用長方形框模（2.5×3cm、3×4.5cm）各壓出3片，其中一片小的縱向對半切成兩片。

2 放入烤箱以上下火160℃烤15分鐘，烤盤調頭後續烤10分鐘，取出冷卻。　　3 白色巧克力加熱熔化，每片銜接處用巧克力黏合，先將左右兩片（小尺寸）和底座黏合。

4 再黏合前後兩片（大尺寸），切對半的兩片為上蓋留著備用。

5 取10g蛋白霜和黃色色膏混合，輕拌調勻。

6 取10g蛋白霜20g和紅色色膏混合，輕拌調勻。

7 取10g蛋白霜20g和竹炭粉混合，輕拌調勻。

8 共有3碗（紅、黃、黑），分別裝入擠花袋，剩餘30g裝入套小圓口的擠花袋。

組合裝飾

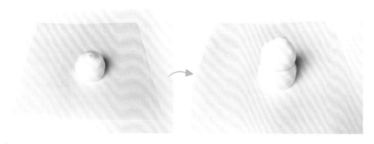

9 在烘焙紙擠出直徑約1.5cm的白色圓形，再堆疊第二個圓形後用針筆修飾。

10 用白色蛋白霜在兩側擠白色小圓（耳朵），收尾處往上帶呈尖頭。

11 其中一耳擠上黃色小圓，接著擠手和腳後用針筆修飾，以黑色
畫上眼睛、嘴巴和身體圖案。

12 乾果機設定70℃，將馬林
糖烘乾3小時以上至乾燥，取
出冷卻。

13 再裝入做好的箱子餅乾，放上箱
子上蓋即可。

TIPS

⟲ 箱子餅乾上蓋可隨需要蓋上或不蓋。
⟲ 貓的五官表情和衣著可自由創作。

提拉米蘇好運盆栽

喬遷之喜派對

份量
10杯

156

材料
INGREDIENTS

A	細砂糖	50g
	蛋白	70g
	蛋黃	36g
	馬斯卡彭起司	250g
B	義式濃縮咖啡	100cc
	咖啡酒	10cc
	手指餅乾（切半）	20支
C	無糖可可粉	20g
	薄荷葉	10片

作法
STEP BY STEP

馬斯卡彭蛋糕

1 細砂糖分次加入蛋白中。

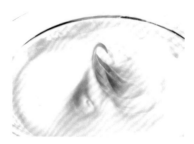

2 用電動打蛋器攪打到濕性發泡，蛋白霜尾端有大彎勾。

3 將蛋黃和馬斯卡彭起司放入攪拌盆中。

4 用電動打蛋器攪打均勻，不需打發。

5 蛋白霜分兩次加入蛋黃起司糊中，用刮刀輕輕切拌均勻。

6 再裝入擠花袋備用。

7 濃縮咖啡和咖啡酒拌勻，將手指餅乾沾裹咖啡酒後，放入容器底部。

8 馬斯卡彭蛋糊擠至盆栽1/2高度。

9 將手指餅乾沾咖啡酒後放入盆栽中層。

10 馬斯卡彭蛋糊擠至盆栽8分滿，刮刀抹平後冷藏1天。

11 食用時於表面均勻篩上可可粉，以薄荷葉裝飾即可。

TIPS

↻ 咖啡酒可換成瑪莎拉酒10cc。

↻ 蛋黃和馬斯卡彭起司只要攪打均勻即可，不需打太久。

多肉植物馬卡龍

喬遷之喜派對

份量
24片

材料 INGREDIENTS

A
馬卡龍蛋白霜 ···················· 155g ⇨ P.58
綠色色膏 ························· 2米粒

B
白色巧克力（調溫）··············· 20g
巧克力小雛菊 ····················· 5朵

作法 STEP BY STEP

多肉植物馬卡龍

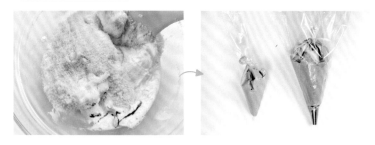

1 準備兩個擠花袋，一個套入大圓花嘴。馬卡龍蛋白霜和黃色色膏調勻後裝入擠花袋（1大1小包）。

2 多肉植物底圖放入烤盤，上方鋪1張烘焙紙。

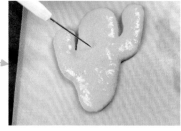

3 取小包的蛋白霜畫出植物輪廓，大包的蛋白霜填滿每片植物，用針筆修飾多肉植物表面。

4 輕敲烤盤底部拍出多餘空氣。

烘烤組合

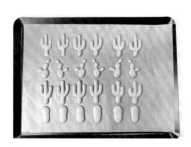

5 結皮：放入烤箱以上火60℃、下火0℃烤10至15分鐘，摸表面有一層硬殼。

6 再放入烤箱，以上火170℃、下火120℃烤12至14分鐘。

7 取出冷卻即可脫離烘焙紙。

8 白色巧克力熔化後,裝入擠花袋中備用。

9 兩片相同造型的馬卡龍一組,將熔化的巧克力擠入馬卡龍當夾心後黏合。

10 部分馬卡龍黏上巧克力小雛菊裝飾。

11 部分馬卡龍用白色巧克力點出小圓點或線條。

12 就可完成各種造型和裝飾的多肉植物馬卡龍。

TIPS

- 可以拿烘焙紙或描圖紙畫上植物造型,記得相同造型需偶數正反,才能組合成雙。
- 台灣氣候較潮濕,建議使用烤箱結皮法讓馬卡龍蛋白霜乾燥,成功率提高。

入厝汪汪閃電泡芙

份量
26條

材料
INGREDIENTS

A 泡芙皮麵糊 ··· 260g ⇨ P.54

B ┌ 苦甜巧克力（非調溫）··············· 80g
  └ 白色巧克力（非調溫）··············· 50g

C ┌ 苦甜巧克力（非調溫）··············· 20g
  │ 白色巧克力（非調溫）··············· 15g
  └ 草莓巧克力（非調溫）··············· 15g

作法
STEP BY STEP

前置烘烤

1 麵糊裝入套大圓花嘴的擠花袋，再擠出長條於烤盤。烤箱以上火180℃、下火150℃預熱，關掉下火（0℃）烤麵糊約20分鐘，將上火轉120℃，烤約40分鐘乾燥。

組合裝飾

2 材料B兩種巧克力混合熔化後成淺咖啡色；材料C巧克力分別熔化後裝入擠花袋備用。

3 將泡芙裹上一層淺咖啡色巧克力，待凝固。

4 用苦甜巧克力、白色巧克力畫上紋路。

5 接著以苦甜巧克力或草莓巧克力畫上狗掌肉墊即完成。

喬遷之喜派對

家家和樂手指餅乾房

份量
1棟

材料
INGREDIENTS

A ┌ 手指餅乾 ························· 38～40支
　└ 白色巧克力（非調溫）·············· 150g

TIPS

↻ 可自由發揮創意打造心目中的房子樣貌，並黏一些彩色糖珠
　裝飾牆面、前後門和屋頂。

164

作法
STEP BY STEP

前置準備

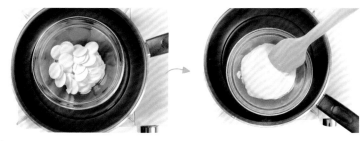

1 白色巧克力加熱熔化後,再裝入擠花袋備用。

組合裝飾

2 手指餅乾依圖示製作前後門,用白色巧克力黏合備用。

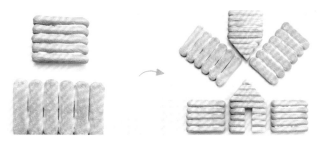

3 手指餅乾依圖示製作左右牆面和屋頂,用白色巧克力黏合2組,就可準備組合屋子。

4 將左右牆面和前後門固定,用白色巧克力黏合。

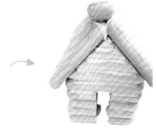

5 再黏合屋頂即完成餅乾屋。

蘋安順利鳳梨酥

份量
5個

材料 INGREDIENTS

A
鳳梨酥餅皮麵團	125g ⇨ P.40
紅麴粉	2g
抹茶粉	2g

B
| 鳳梨餡 | 75g |
| 水 | 5cc |

作法
STEP BY STEP

麵團調色

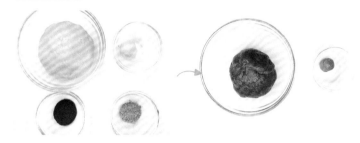

1 取120g麵團和紅麴粉揉勻，剩餘5g麵團和抹茶粉揉勻。

組合烘烤

2 將30g紅色麵團收圓後擀成扁圓形。

3 每個餅皮包入15g鳳梨餡。

4 用虎口完整包覆後滾圓。

5 綠色麵團分成5份，每份搓成水滴狀後壓扁。

6 使用牙壓出葉子紋路，依序完成其他4份。

7 將葉子背面沾點水黏貼到蘋果鳳梨酥上。

8 放入烤箱以上下火150℃烤約20分鐘至熟即可。

TIPS

↻ 鳳梨餡每個約15g，搓圓後冰硬較好操作，內餡亦可換成喜歡的餡料口味。

旺旺來甜甜圈

份量
6個

材料

INGREDIENTS

A 磅蛋糕麵糊 ⋯⋯⋯⋯⋯⋯⋯⋯⋯⋯⋯⋯ 250g ⇨ P.48

B ┌ 檸檬巧克力（非調溫） ⋯⋯⋯⋯⋯⋯ 200g

└ 鳳梨葉巧克力飾片 ⋯⋯⋯⋯⋯⋯⋯⋯ 6片 ⇨ P.33

作法

STEP BY STEP

入模烘烤

1 模具先刷上薄薄奶油再撒麵粉，扣出多餘粉。

2 平均擠入每個模具中，約40g麵糊。

3 放入烤箱以上火180℃、下火170℃烤20至25分鐘，取出冷卻。

組合裝飾

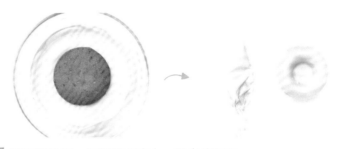

4 檸檬巧克力加熱熔化備用。

5 磅蛋糕沾裹一層檸檬巧克力，取出待凝固。

6 用檸檬巧克力畫上鳳梨條狀紋路。

7 將葉子巧克力飾片沾白巧克力，再黏於蛋糕背面即完成。

TIPS

↻ 如果使用不沾材質的甜甜圈模具，就不需刷油撒粉。

好友同樂派對

無論是好久不見的老友，或是無話不談的閨密，
難得的相聚，就用許多美味甜點再度拉近彼此的距離。

將皇冠杯子蛋糕、粉紅泡泡小熊軟糖、知心知己馬卡龍等，
讓大家再度圍桌暢談一整天，
重拾往日的美好回憶，分享新生活最好的時光！

好友同樂派對

粉紅泡泡小熊軟糖

份量
100顆

材料
INGREDIENTS

A ┌ 吉利丁粉 ……………………………… 10g
  └ 水 ………………………………………… 20g
B ┌ 粉紅香檳 ……………………………… 60g
  └ 細砂糖 ………………………………… 20g

作法
STEP BY STEP

1 吉利丁粉和水拌勻，以隔水加熱熔化。

2 粉紅香檳和細砂糖放入另一鍋，加入熔化的吉利丁。

3 轉小火煮到混合拌勻即可離火。

入模凝固

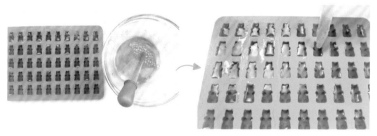

4 用滴管吸取香檳吉利丁液將矽膠小熊模填滿。

5 冷藏至凝固後脫模即完成。

TIPS

↻ 粉紅香檳也可換成果汁或可樂，做出不同顏色的軟糖。
↻ 熔化的香檳吉利丁液表面所含的氣泡，可以用保鮮膜黏起。

好友同樂派對

給你一個讚馬林糖

份量
20支

材料
INGREDIENTS

A ┌ 馬林糖蛋白霜 ·· 60g ⇨ P.56
　└ 藍色色膏 ··· 2米粒

 **作法**
STEP BY STEP

蛋白霜調色　　　　　　　　　　　　　　　　　　　　　組合裝飾

1 取10g馬林糖蛋白霜和藍色色膏輕輕拌勻。

2 藍色蛋白霜裝入擠花袋，剩餘的白色蛋白霜裝入另一袋備用。

3 按讚底圖放在烘焙紙下方。

4 中間擠些馬林糖蛋白霜，放上紙軸固定。

5 藍色蛋白霜照著底圖描邊，再擠入白色蛋白霜填滿。

6 乾果機設定70℃，將馬林糖烘乾3小時以上至乾燥，取出冷卻。

TIPS

↻ 乾果機可換成烤箱低溫烘烤，溫度一樣70℃。

↻ 馬林糖蛋白霜裝入擠花袋後，用刮板往袋子尖端推將袋內空氣擠出。

好友同樂派對

網美莓果裸蛋糕

份量
3個

🥄 **材料**
INGREDIENTS

A
┌ 戚風蛋糕麵糊 ·························· 330g ⇨ P.45
│ 粉紅色膏 ····························· 2米粒
└ 綠色色膏 ····························· 2米粒

B
┌ 動物性鮮奶油 ························· 200g
└ 細砂糖 ······························· 20g

C 食用花 ································· 5朵

TIPS

↻ 蛋糕的顏色可自由變化。

↻ 鮮奶油打發至紋路立體明顯,適合做蛋糕夾餡或擠花裝飾。

調色烘烤

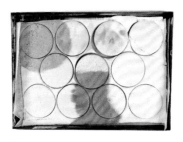

1 麵糊分成3份，1份和粉紅色膏拌勻，1份和綠色色膏拌勻，1份不調色。

2 再交錯倒入鋪烘焙紙的烤盤，抹平麵糊，不要抹到底部。

3 輕敲烤盤排出多餘空氣，放入烤箱以上火180℃、下火150℃烤22分至25分鐘。

組合裝飾

4 取出待冷卻，用3吋圓框壓出蛋糕片數片。

5 鮮奶油和細砂糖用電動打蛋器打發至紋路立體明顯。

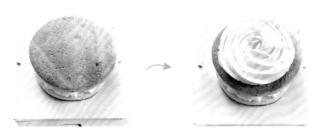

6 第一層蛋糕的顏色面朝下放好，擠上打發鮮奶油。

7 放上第二層蛋糕，擠上第二層打發鮮奶油。

9 用食用花裝飾表面即可。

8 再放上第三層蛋糕，擠上打發鮮奶油。

皇冠杯子蛋糕

好友同樂派對

份量
8杯

材料
INGREDIENTS

A 戚風蛋糕麵糊 ································· 330g ⇨ P.45

┌ 動物性鮮奶油 ····························· 150g

B 紅色色膏 ································· 1米粒

└ 藍色色膏 ································· 1米粒

C 皇冠巧克力飾片 ····················· 8片 ⇨ P.33

作法
STEP BY STEP

入模烘烤

鮮奶油調色

1 將戚風蛋糕麵糊裝入直徑 5cm杯子紙模,輕敲烤盤排出 多餘空氣。

2 放入烤箱以上火170℃、下火 150℃烤約20分鐘,取出冷卻。

3 動物性鮮奶油用電動打蛋器 打發至紋路立體明顯。

4 打發鮮奶油分成3份,1份和粉紅色膏拌勻,1份和藍色色膏拌 勻,1份不調色。

5 三色鮮奶油分次裝入套6 齒花嘴的擠花袋,形成分層 效果。

組合裝飾

6 順時鐘方向往上擠出三圈打 發鮮奶油。

7 在蛋糕上裝飾皇冠 巧克力飾片即可。

> **TIPS**
>
> ↻ 皇冠巧克力飾片可用 檸檬巧克力或白色巧 克力加熱熔化繪製。

草莓三明治蛋糕

好友同樂派對

份量
4組

材料
INGREDIENTS

A 戚風蛋糕麵糊 ·· 330g ⇨ P.45
┌ 粉紅色膏 ··· 2米粒
B 動物性鮮奶油 ··· 200g
└ 細砂糖 ··· 20g
C 草莓（切片） ··· 3顆

作法
STEP BY STEP

調色烘烤

1 戚風蛋糕和粉紅色膏輕輕調色拌勻。

2 倒入鋪烘焙紙的方形烤盤（長寬25cm），輕敲烤盤排出多餘空氣。

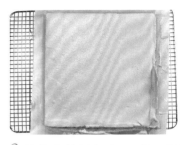

3 放入烤箱以上火180℃、下火150℃烤22分至25分鐘，取出後撕開烘焙紙。

組合裝飾

4 蛋糕冷卻後切對半。

5 鮮奶油和細砂糖用電動打蛋器打發至紋路立體明顯。

6 在其中一片蛋糕抹上打發鮮奶油。

7 放上草莓片，再抹上適量打發鮮奶油。

8 再蓋上另一片蛋糕後對切。

9 切成三角形即完成。

TIPS

↻ 蛋糕顏色可換綠色或做出漸層色，夾餡水果可隨喜好換成奇異果片、芒果片等。

熱情火鶴甜甜圈蛋糕

份量
6個

材料
INGREDIENTS

A 磅蛋糕麵糊 ·· 250g ⇨ P.48

B ┌ 草莓巧克力（非調溫）·················· 200g
　└ 餅乾棒（粗）······························ 6支

作法
STEP BY STEP

入模烘烤

1 模具先刷上薄薄奶油再撒麵粉，扣出多餘粉。

2 平均擠入模具，每個約40g麵糊。

3 放入烤箱以上火180℃、下火170℃烤20至25分鐘，取出冷卻。

組合裝飾

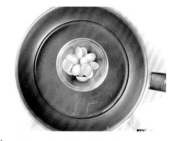 

4 草莓巧克力加熱熔化。

5 蛋糕沾裹草莓巧克力，趁未凝固插入餅乾棒和火鶴頭底圖裝飾。

TIPS

↪ 火鶴頭底圖可到烘焙材料行購買，或是發揮創意自行繪製。

好友同樂派對

知心知己馬卡龍

份量
12個

🥄 **材料**
INGREDIENTS

A ⎡ 馬卡龍蛋白霜 ⋯⋯⋯⋯⋯⋯⋯⋯⋯ 155g ⇨ P.58
  ⎣ 白色色膏 ⋯⋯⋯⋯⋯⋯⋯⋯⋯⋯⋯ 2米粒

B ⎡ 起司片 ⋯⋯⋯⋯⋯⋯⋯⋯⋯⋯⋯⋯ 3片
  ⎢ 伏特加酒 ⋯⋯⋯⋯⋯⋯⋯⋯⋯⋯⋯ 2cc
  ⎣ 竹炭粉 ⋯⋯⋯⋯⋯⋯⋯⋯⋯⋯⋯⋯ 2g

作法
STEP BY STEP

蛋白霜調色

1 馬卡龍蛋白霜放入盆中，加入白色色膏。

2 輕輕攪拌均勻。

3 再裝入套大圓花嘴的擠花袋，圓形矽膠墊鋪於烤盤。

烘烤組合

4 擠出馬卡龍蛋白霜後用針筆修飾，輕敲烤盤排出多餘空氣。

5 結皮：放入烤箱以上火60℃、下火0℃烤10至15分鐘至表面有一層硬殼。

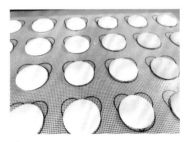

6 烤箱以上火170℃、下火120℃預熱，將結皮的馬卡龍烤12至14分鐘，取出冷卻。

7 起司片用直徑約4cm圓形模壓出4片，再放入馬卡龍當夾餡；將伏特加酒和竹炭粉拌勻後畫上表情即完成。

TIPS

↪ 台灣氣候較潮濕，建議使用烤箱結皮法讓馬卡龍蛋白霜乾燥，成功率提高。

↪ 竹炭粉加伏特加酒繪製法可見P.88心動馬卡龍；或是巧克力繪製表情可見P.144星光閃閃馬卡龍。

五味八珍的餐桌
品牌故事

60 年前，傅培梅老師在電視上，示範著一道道的美食，引領著全台的家庭主婦們，第二天就能在自己家的餐桌上，端出能滿足全家人味蕾的一餐，可以說是那個時代，很多人對「家」的記憶，對自己「母親味道」的記憶。

程安琪老師，傳承了母親對烹飪教學的熱忱，年近 70 的她，仍然為滿足學生們對照顧家人胃口與讓小孩吃得好的心願，幾乎每天都忙於教學，跟大家分享她的烹飪心得與技巧。

安琪老師認為：烹飪技巧與味道，在烹飪上同樣重要，加上現代人生活忙碌，能花在廚房裡的時間不是很穩定與充分，為了能幫助每個人，都能在短時間端出同時具備美味與健康的食物，從 2020 年起，安琪老師開始投入研發冷凍食品。

也由於現在冷凍科技的發達，能將食物的營養、口感完全保存起來，而且在不用添加任何化學元素情況下，即可將食物保存長達一年，都不會有任何質變，「急速冷凍」可以說是最理想的食物保存方式。

在歷經兩年的時間裡，我們陸續推出了可以用來做菜，也可以簡單拌麵的「鮮拌醬料包」、同時也推出幾種「成菜」，解凍後簡單加熱就可以上桌食用。

我們也嘗試挑選一些熟悉的老店，跟老闆溝通理念，並跟他們一起將一些有特色的菜，製成冷凍食品，方便大家在家裡即可吃到「名店名菜」。

傳遞美味、選材惟好、注重健康，是我們進入食品產業的初心，也是我們的信念。

冷凍醬料做美食

程安琪老師研發的冷凍調理包，讓您在家也能輕鬆做出營養美味的料理。

冷凍醬料的
5 大優點

省調味 × 超方便 × 輕鬆煮 × 多樣化 × 營養好

選用國產天麴豬，符合潔淨標章認證要求，我們在材料和製程方面皆嚴格把關，保證提供令大眾安心的食品。

三友官網

五味八珍的
餐桌官網

五味八珍的
餐桌 FB

程安琪
鮮拌味 FB

程安琪入廚
40 年 FB

五味八珍的
餐桌 LINE @

聯繫客服 　電話：02-23771163　傳真：02-23771213

程安琪

冷凍醬料調理包

冷凍家常菜

香菇蕃茄紹子

歷經數小時小火慢熬蕃茄，搭配香菇、洋蔥、豬絞肉，最後拌炒獨家私房蘿蔔乾，堆疊出層層的香氣，讓每一口都衝擊著味蕾。

雪菜肉末

台菜不能少的雪裡紅拌炒豬絞肉，全雞熬煮的雞湯是精華更是秘訣所在，經典又道地的清爽口感，叫人嘗過後欲罷不能。

一品金華雞湯

使用金華火腿（台灣）、豬骨、雞骨熬煮八小時打底的豐富膠質湯頭，再用豬腳、土雞燜燉2小時，並加入干貝提升料理的鮮甜與層次。

麻辣紹子

麻與辣的結合，香辣過癮又銷魂，採用頂級大紅袍花椒，搭配多種獨家秘製辣椒配方，雙重美味、一次滿足。

北方炸醬

堅持傳承好味道，鹹甜濃郁的醬香，口口紮實、色澤鮮亮、香氣十足，多種料理皆可加入拌炒，迴盪在舌尖上的味蕾，留香久久。

靠福·烤麩

一道素食者可食的家常菜，木耳號稱血管清道夫，花菇為菌中之王，綠竹筍含有豐富的纖維質。此菜為一道冷菜，亦可微溫食用。

3種快速解凍法

想吃熱騰騰的餐點，就是這麼簡單

1. 回鍋解凍法

將醬料倒入鍋中，用小火加熱至香氣溢出即可。

2. 熱水加熱法

將冷凍調理包放入熱水中，約2～3分鐘即可解凍。

3. 常溫解凍法

將冷凍調理包放入常溫水中，約5～6分鐘即可解凍。

私房菜

純手工製作，交期較久，如有需要請聯繫客服
02-23771163

程家大肉

紅燒獅子頭

頂級干貝XO醬

Candy Bar

造型甜點桌 美味提案

簡易配方 ✕ 調色技巧 ✕ 創意造型　各種派對甜點桌難不倒你！

書　　名　造型甜點桌美味提案：
　　　　　簡易配方 X 調色技巧 X 創意造型，
　　　　　各種派對甜點桌難不倒你！
作　　者　任郁筠（Ann R）
資深主編　葉菁燕
美編設計　ivy_design

發 行 人　程安琪
總 編 輯　盧美娜
發 行 部　侯莉莉
財 務 部　許麗娟
印　　務　許丁財
法律顧問　樸泰國際法律事務所許家華律師

初　　版　2022 年 07 月

定　　價　新臺幣 568 元
I S B N　978-986-364-191-9（平裝）

◎版權所有・翻印必究
◎書若有破損缺頁請寄回本社更換

國家圖書館出版品預行編目(CIP)資料

造型甜點桌美味提案：簡易配方X調色技巧X創意造型，
各種派對甜點桌難不倒你！/任郁筠(Ann R)作.
-- 初版. -- 臺北市：橘子文化事業有限公司, 2022.07
　面；　公分
ISBN 978-986-364-191-9(平裝)

1.造型甜點　2.點心食譜

427.16　　　　　　　　　　　　　　111007431

藝文空間　三友藝文複合空間
地　　址　106 台北市大安區安和路二段 213 號 9 樓
電　　話　（02）2377-1163

出 版 者　橘子文化事業有限公司
總 代 理　三友圖書有限公司
地　　址　106 台北市安和路 2 段 213 號 9 樓
電　　話　（02）2377-1163、（02）2377-4155
傳　　真　（02）2377-1213、（02）2377-4355
E - m a i l　service@sanyau.com.tw
郵政劃撥　05844889 三友圖書有限公司

總 經 銷　大和書報圖書股份有限公司
地　　址　新北市新莊區五工五路 2 號
電　　話　（02）8990-2588
傳　　真　（02）2299-7900

http://www.ju-zi.com.tw
三友圖書
友直 友諒 友多聞

三友官網

三友 Line@